NEUROBIOLOGIA DEL INTELECTO

LIBRO CATORCE

"DEL OLVIDO AL NO ME ACUERDO"

MEMORIA EMOCIONAL

ENSAYOS NEUROEPISTEMOLÓGICOS

YURI Q. ZAMBRANO, M.D.

2014

EDITORES

NEUROBIOLOGÍA DEL INTELECTO
LIBRO CATORCE:
"DEL OLVIDO AL NO ME ACUERDO" Memoria Emocional.

Primera Edición.

Copyright © 2014, By Yuri G. Zambrano. Respecto a la primera edición de **NBI EDITORES** en español, para todos los libros del autor asociados a NEUROBIOLOGIA DEL INTELECTO y *SUMMA NEUROBIOLOGICA*.

EDITORES
(E-mail: neuronalself@gmail.com).

International Standard Book Name:
ISBN 978-1-291-88306-0

Prohibida la reproducción total o parcial de esta obra, Por cualquier medio sin la autorización escrita del editor.

IMAGEN EN PORTADA: "*Nymphomonium*, o Vista desde mi ventana, al Jardín de las Ninfas" A partir de William Bouguereau, 1878.

Diseño e Impresión: NBI Editores

Impreso en México.

Arial 12 pts. mayor parte del texto y Bibliografías en Times New Roman, 10 pts. Títulos y estilo acordes a convenciones generales. Gráficas debidamente reseñadas y bibliografiadas, según derechos internacionales de autor.

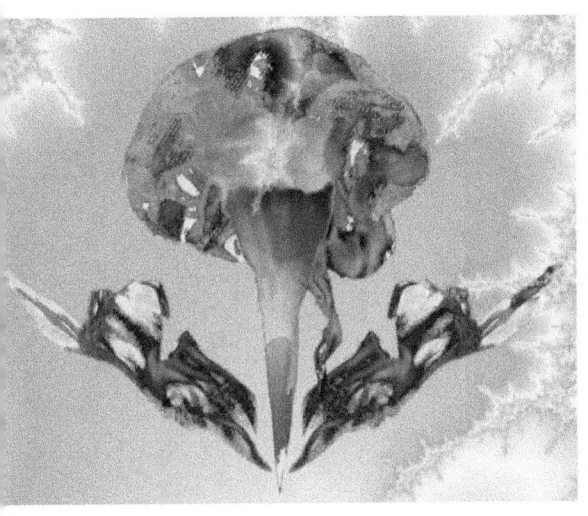

¿Cuándo comienza el aprendizaje?

Hay una brecha considerable entre conocer el nombre de las cosas,
re-conocer el nombre de esas cosas,
y entender finalmente tales cosas.

Cuando creemos comprenderlas,
apenas nace el concepto.

A todo eso,
hay que darle vueltas constantemente!

Tenochtitlan,
Enero 22, 1989.

Le Faux Miroir, 19 x 27 cm. Óleo sobre tela.
Museo de Arte Moderno de Nueva York
René Magritte, 1928

Contenido

LIBRO CATORCE

I   Proemio a la edición global III
II. *Summa neurobiológica* V
III. Prefacio al Libro Catorce XI
IV. De la Portada XV
V.   Creencia Neurobiológica XVII
VI. Acrónimos XIX

LA MEMORIA EMOCIONAL

MÓDULO 46

LA INTEGRACIÓN DE LA RESPUESTA EMOCIONAL

46.1 Como Se Procesa la Respuesta
    Emocional a Nivel Superior 4
    46.1.1 Recuperación de Memoria
        y Procesamiento Emocional ... 6
46.2 La Compleja Microcircuitería
    De las Emociones 19

MÓDULO 47

LA MEMORIA Y LAS HORMONAS 26

47.1 La Participación de las Hormonas
Hipofisiarias en la Memoria y Los
Afectos 32
    47.1 El Papel de las Hormonas
    Femeninas en la Memoria
    Emocional 34

47.2 Las Emociones y los
Condicionamientos 41
    47.2.1 Correlato Bioquímico y
        Neuroimagenológico
        De los Sentimientos
        Hiperafectivos 49

MÓDULO 48

LAS EMOCIONES: SE ARCHIVAN O SE DESCARTAN 56

48.1 ¿ Cómo hace el cerebro para distinguir
    Lo que se debe 59

EXCERPTA SUCINTA 67

BIBLIOGRAFIA 69

PROEMIO PARA LA EDICION TOTAL

Después de mucho considerarlo y ponderar si "Neurobiología del Intelecto", — un tratado sobre el devenir de la neurobiología y sus aplicaciones a las funciones cognitivo-intelectuales y concienciales—, debería ser fraccionado; se decidió realizar la edición de esta apoteósica obra - con más de 1500 hojas (en A4) -, integrando publicaciones más breves. Es decir, volúmenes con exégesis a manera de *epítomes* o compendios como si fueran excerptas que pudiesen ser digeribles y más abiertas al lector interesado en dilucidar los enigmas que la neurobiología nos ofrece, para entender, el cómo se estructura el curso del pensamiento intelectual.

Originalmente la obra, fue finalizada hace 10 años, en más de 64 módulos con apéndices algorítmicos que sustentan la teoría de la epistemología neuronal (TEN). Estos módulos, obedecen a la nueva perspectiva de procesamiento neuronal, basada en modelos distribuidos, donde la información es procesada jerárquicamente en columnas neuronales; siguiendo además, los cánones de reverberación sináptica Hebbiana, útiles para consolidar los procesos de memoria y aprendizaje.

La obra está dispuesta en cinco partes, dividida didácticamente en módulos, iniciando desde conocimientos muy superficiales hasta la explicación de complejos mecanismos de procesamiento neuronal que se dan en las funciones de alto orden conciencial.

Así pues, la primera parte relaciona a la infraestructura del pensamiento, describiendo la función integral molecular de la neurona hasta los mecanismos que se utilizan para generar información coherente y sincronizada produciendo actividad intelectual. La segunda y tercera partes, tratan sobre fisiología y dinámica neuronal integrativa, desde la función biofísica de canales iónicos y la liberación de neurotransmisores, hasta la explicación de la integración de redes neuronales por mecanismos de retropropagación y algorítmicos. Las dos partes finales, contienen módulos de función cerebral superior como mecanismos de memoria e integración conciencial, describiendo la actividad neuronal que subyace en los estados amplificados de la conciencia, y también en los estados básicos de conciencia.

En esta colección de volúmenes, el autor, en comprometida recopilación, busca la actualización de sus bibliografías con casi 30 años de estudio en el tema, y además orientándolo por primera vez en español, hacia la Neuroepistemología; recurriendo al método científico, a la investigación en conciencia y a las redes neuronales que la generan; completamente analizadas desde el punto de vista de la TEN.

Este trabajo se presenta como una alternativa inicial, útil para diversificar el pensamiento y abrir opciones de búsqueda a nuevos investigadores que objetivamente, conforman la substancia de la esperanza humana.

A continuación la *summma neurobiológica original*, de la que se desglosarán las exégesis pertenecientes a "Neurobiología del Intelecto".

YURI ZAMBRANO

V

NEUROBIOLOGIA DEL INTELECTO

"SUMMA NEUROBIOLÓGICA"

- PARTE I -
INFRAESTRUCTURA DEL PENSAMIENTO

1. QUÉ ES LA NEUROBIOLOGÍA.

Módulo

1. De los Diversos Aspectos de la Neurobiología
2. De sus Herramientas Experimentales
3. Perspectiva Pragmático-Evolutiva de la Neurobiología Conductual
4. La Neuroimagen: una Estación de Relevo Futurista

2. El Fascinante Sistema Nervioso:
LA COMPLEJA MAQUINARIA FUNCIONANDO

Módulo

5. Principios Básicos Neuroanatómicos
6. Neurogénesis

LAMINAS ANEXAS

3. LA ULTRANEURONA,
O EL PARADIGMA DE LA ESPECIFICIDAD

Módulo

7. Cómo Funciona
8. El Tráfico Endosómico de Proteínas
9. La Personalidad De Las Neuronas
10. El Sorprendente Escenario Cerebelar
11. Sinaptogénesis y Guía del Axón.

4. "EN BUSCA DEL PENSAMIENTO PERDIDO..."
Algunas Disquisiciones sobre La Frenología
y La Topografía Cortical

Módulo

12. Aproximaciones al Estudio de la Fisiología Cortical
13. El Mapeo Cortical como Herramienta en la Comprensión De La Función Cerebral.
14. Estratificación Cortical y Corticogénesis
15. La Artesanía Cortical y la Emergencia de las Funciones Cerebrales Superiores.
16. Asimetría Hemisférica
17. Cómo se genera la imagen mental

- PARTE II -
LA DINAMICA NEURAL

A. IMPLICACIONES PARA UN MECANISMO OPERACIONAL

5. ONTOGENIA DE LOS SENTIDOS Y SUS VÍAS DE PROCESAMIENTO
El procesamiento de las sensaciones

Módulo

18. La Génesis Para Cada Uno, Tiene Sentido.
19. Las Vías De Procesamiento Sensorial
20. Cómo Actúan

6. APOPTOSIS Y MUERTE NEURONAL.
(Vida, Obra y Realidades De Un Sistema Neural)

Módulo

21. La Regeneración Neuronal y Las Perversiones Neurotróficas
22. La Totipotencialidad Celular y el Recambio Neuronal
23. El Sacrificio Neuronal Programado
24. La Diversidad Terapéutica de la Regeneración Neuronal

B. DE LA CONFLUENCIA DE LOS ELEMENTOS

7. DE LOS IONES A LA MEMBRANA.

Módulo

25. El Movimiento de Iones y La Generación Del Potencial De Acción
26. De Los Fundamentos Integrativos Para la Comunicación Neuronal.
27. Proteínas De Predominio Transmembranal Implicadas en la Comunicación Neuronal.
28. La Crítica Señalización Intracelular

8. ATENCIÓN: SINAPSIS TRABAJANDO

Módulo

29. Componentes Electroquímicos De La Sinapsis
30. Liberación De Neurotransmisores
31. Modulación Presináptica e Integración Neuronal

- PARTE III -
REDES NEURONALES

9. EL PROCESAMIENTO DE LA INFORMACIÓN INTELECTUAL

Módulo

32. El Centro de Múltiples Correspondencias
33. Redes Neuronales que son Imprescindibles
34. Importancia de los Neurotransmisores en la Modulación de las redes neuronales

10. QUÉ ES UN MODELO NEURONAL.

Módulo

35. De La Neurobiología Experimental Clásica a la Yoctocomputación
36. El modelo Neural del Proceso Matemático
37. Modelos Alternos De Procesamiento en las Funciones Cerebrales Superiores

11. NUEVOS CONCEPTOS EN PROCESAMIENTO NEURONAL

Módulo

38. Conceptos Clásicos
39. Conexionismo
40. El Modelo Conexionista para acceder a la Fenomenología de la Conciencia
APENDICE ALGORITMICO DE LA TEN
(Incluye Sub-Apéndice Cuántico)

- PARTE IV -
LAS APLICACIONES DE ALTO ORDEN

12. LAS MOLÉCULAS DE LA MEMORIA

Módulo

41. Bases Neurofisiológicas y Moleculares de la Memoria
42. El Papel De Los Promotores Genéticos

13. AHORA QUÉ RECUERDO: Los Circuitos de Memoria y Las Cortezas De Asociación

43. Sistemas De Memoria y sus Mecanismos de Almacenamiento y Recuperación
44. Su Relación con el Lóbulo Temporal
45. La Corteza Prefrontal

14. DEL OLVIDO AL NO ME ACUERDO (Memoria Emocional y Afectiva)

Módulo

46. La Integración de la Respuesta Emocional
47. La Memoria Y Las Hormonas
48. Las Emociones: ¿Se Archivan? O Se Descartan...

15. HABLANDO SE ENTIENDE LA GENTE

Módulo

49. La Conformación Evolutiva del Lenguaje
    y la Disociación Neural
50. Cómo se Genera la Adquisición del Lenguaje
51. La Arquitectura Neural del Lenguaje Articulado

- PARTE V -
NIVELES DE CONCIENCIA Y COGNICIÓN

16. UN VIAJE AL CENTRO DE NUESTRA CONCIENCIA "Aproximaciones Neurobiológicas".

Módulo

52. Quién es ese «Sí Mismo» que Tanto Mientan.
53. Las Bases Neurobiológicas que Permiten Concebir el Problema
54. El Enfoque Neurofísico Conciencial y el Mapa Neurobiológico de la Mente

17. LOS NIVELES DE PERCEPCIÓN EN LA CLÍNICA DE LA CONCIENCIA

Módulo

55. Sueño y Coma, La Clínica Imperativa Tras La Conciencia
56. Anomalías en la Percepción, que Indican Graduación Conciencial
57. Bases Neurales para la Cognición Ultrasensorial
58. Epilepsia: La Importancia del Aura como Nivel de Conciencia

18. LOS NIVELES DE LA PERCEPCIÓN EXTRASENSORIAL

Módulo

59. Estados Alterados y Ampliaciones de la Conciencia
60. La Fenomenologia Ultrasensorial de la Materia:
    En Demanda De Los Correlatos Neurales

19. LA SUBLIMACIÓN DEL INTELECTO Y LA NEUROEPISTEMOLOGÍA.

Módulo

61. Tras La Utopía Del Engrama Conciencial
62. Consideraciones Filosóficas
63. El *Episteme* Proteico
64. La Clave De Acceso ...

APÉNDICE X
SEX~cUALIDAD Y CEREBRO

Módulo

X.1. Genes y Cortejo: Conducta Sexual
X.2. Los Neurotransmisores y La Actividad Sexual
X.3. El Hipotálamo y El Sexo
X.4. La Evolución del Intelecto, ¿Se Debe a una Eficiente Selectividad Sexual?

BIBLIOGRAFÍA
Glosario
Índice Analítico

INTRODUCCION A LA OBRA EN PARTICULAR

LIBRO CATORCE

' DEL OLVIDO AL NO ME ACUERDO '
MEMORIA EMOCIONAL

La memoria es la representación procesal de muchas integraciones sinápticas y, por supuesto, de sofisticados eventos moleculares en los que trascienden los segundos mensajeros, los receptores a aminoácidos excitatorios y los fenómenos de potenciación a largo plazo, como evidencia inequívoca de que el cerebro se vale de asombrosas artimañas para liberar poco a poco sus entrañables enigmas.

Una de las formas de archivo y recuperación de eventos mnésicos puede deberse a mecanismos rápidos asociados a contingencias emocionales y afectivas, que dependen mayormente de hormonas, las cuales varían en cada individuo, fluctuando en edad, diferencias sexuales y categorización individual de la valía subjetiva que es inherente a los impactos memorables.

Entre las hormonas que más han sido involucradas en este tipo de procesamiento, existen las que son comúnmente asociadas a estructuras adrenales, pero también en los últimos años, los científicos han descrito sucesos íntimamente relacionados con esterorides y otros péptidos, incluso con hormonas neurohipofisiarias en el caso de la oxitocina, con participación y relación adenohipofisiaria y gonadal como son los estrógenos y la testosterona; sustancias de las que también se conoce su participación en mecanismos de plasticidad sináptica.

La respuesta emocional se integra a partir de estructuras límbicas subcorticales, asumiendo importantes y sensibles circuitos pletóricos de receptores a neurotransmisores y de muchas aferentes y eferentes nerviosas de diversas partes del sistema nervioso, tanto de áreas corticales como de estructuras más internas como el tallo cerebral, además de los nexos intersubcorticales creados entre el hipotálamo, la amígdala, el hipocampo y todo el complejo parahipocampal, incluyendo la relevante participación de la corteza cingulada, cuyas dos porciones son fundamentales para la buena estructuración y procesamiento de ciertos eventos emocionalmente memorables.

Uno de los paradigmas que ha planteado la neurobiología conductual para justificar la trascendencia de la memoria emocional y sus eventos adyacentes, es el estudio de los mecanismos del condicionamiento del miedo. El estudio de los mecanismos del temor condicionado, como parte ineludible del análisis de la naturaleza animal de defensa y ataque ante su propio entorno, es también el fundamento fisiológico de otros circuitos emocionales que inevitablemente convergen en estructuras límbicas, formando parte de los sistemas de memoria implícita; así como los procesos afectivos, que de modo independiente, son ligados a los eventos archivables que constituyen la memoria episódica o declarativa.

Al estar las hormonas involucradas en eventos memorables, se analiza la función amigdalina correlacionada con el género sexual, el procesamiento emocional y ciertos desempeños cognitivos bajo condiciones de *stress,* que resulta fundamental para la comprensión de los estados hiperafectivos que pueden guardar memorias por años, o prácticamente parecer borrados por redes neuronales completas.

Finalmente, se estructuran hipotéticamente los fundamentos moleculares y vínculos electrofisiológicos que determinan si se almacena o no, una información emocional, generando diversos mecanismos asociados al olvido. Estos mecanismos son interesantemente asociados al episteme proteico de la Teoría de la Epistemología Neuronal (TEN) en los que cada neurona, tiene una predeterminación molecular. En este libro, se elucubra la posibilidad real en que proteínas especializadas, operen evitando archivos memorables definitivos en redes neuronales cortico-subcorticales con relevancia emocional.

EL AUTOR

XIV

DE LA PORTADA

Soltó su cabellera. Sentí su piel, su boca húmeda,
sus muslos ágiles.
En su acuario de humo viví una cálida espiral, otra Perséfone.

... me mira, pero excitada no entiende
el por qué la mujer perturba las altas elucubraciones,
la médula de una visión extraordinaria,
si original y luminosa las enciende.
Yo retengo en el aire el vuelo de su mano,
rememoro
otros vuelos
otros
frutos
del cuerpo

Perséfone se disculpa.
Remueve lo sucedido.
Lava su memoria como un vestido sucio.

Y yo le dije: Haz un poema.
Y ella mostró la redondez de un pecho.
(luego me dio versos vulgares)

Y la ola: clap – clop : quema.

El saber momentáneo
va acompañado de olvido...

Homero Aridjis, "Perséfone".
Lecturas Mexicanas.
Ed. Joaquin Mortiz, 1967.
Septiembre, 1985.

"Nymphomonium". La memoria emocional tiene interesantes laberintos dentro de la mente humana que recientemente empiezan a ser elucidados. Las hormonas, especialmente las asociadas a función sexual como estrógenos y la misma testosterona, así como la prolactina adenohipofisiaria y la oxitocina en la neurohipófisis, encargada de la contractilidad uterina en labores de parto; parecen jugar un papel fundamental en cognición social y empatía; con igual importancia que el desempeño efectuado por las hormonas adrenales y glucocorticoides. *Nymphaeum*; Adolphe William Bouguereau, 1878. Óleo sobre tela, The Haggin Museum Stockton, California.

CREENCIA NEUROBIOLÓGICA

> En algún espacio de *terra firme*,
> al sureste de los lagos glaciares
> del Sol y de la Luna,
> Dentro del cráter del Volcán Xinantecatl.
> (Noviembre 16 de 1996, 01:43 am.)

Creo en la sinapsis de Sherrington,
señora y dadora de vida
que procede
del cono de crecimiento axonal
y de la unión neuromuscular,
primera transformación
de lo invisible a lo visible,
proceso de expansión de un sistema.

Creo en la liberación de
Neurotransmisores,
nacida de la despolarización neuronal
antes de la inhibición presináptica
y en los eventos que la componen.
Efecto de efectos moleculares
Luz de luz,
engendrados no creados
de la misma naturaleza biológica
de los ácidos nucleicos,
por quien todo fue hecho;

Que por nuestra salvación
fue crucificada en tiempos apoptóticos,
y por obra evolutiva,
fue ascendida a unidad neuronal,
sentándose a la derecha de la ciencia,
y de nuevo vendrá con gloria
para juzgar a crédulos y escépticos,
y su reino no tendrá fin.

Creo en la santa coherencia neuronal,
que procede de una armonía
sincrónica,
que por los dos anteriores
recibe comandos genéticos
predeterminados,
adoración y gloria,
dedicación y sustento;
y que habla por nuestros
comportamientos.

Y en la Neurobiología
que es una santa,
científica y apostólica
confieso que hay varios textos
para el perdón de nuestra ignorancia
esperamos la resurrección del
entendimiento
y la conversión del mañana
en prehistoria

Amén.

XVIII

ACRÓNIMOS

AB: Área de Brodmann
APH: Eje Adrenal-Pituitario-Hipotalámico
CCA: Corteza Cingulada Anterior
CE: Corteza Entorrinal
CPF: Corteza PreFrontal
CPFDL: Corteza Prefrontal DorsoLateral
CPFDM: Corteza Prefrontal DorsoMedial
CPFVM: Corteza Prefrtontl VentroMedial
CRH: Hormona Liberadora de Corticotropina
FOK: *Feeling of Knowing*
GABA: Acido γ Amino-Butírico
LTM: Lóbulo Temporal Medio
LTP: Potenciación a Largo Plazo
MDE: Memoria Declarativa (Explícita)
MnDI: Memoria No Declarativa (Implícita)
NBA: Núcleo Basolateral Amigdalino
NLA: Núcleo Lateral Amigdalino
PET: Tomografía por Emisión de Positrones
PMAF: Patrones Motores de Acción Fija
RMf: Resonancia Magnética Funcional
TOT: *Tip of the Tongue*
TEN: Teoría De La Epistemología Neuronal

XX

I would willingly establish it as general maxim in the science of human nature, that when any impression becomes present to us, it not only transports the mind to such ideas as are related to it, *but likewise* communicates to them a share of its force and vivacity.

David Hume
Of the Causes of Believe,
Berwickshire, Scotland, 1753

…sex related influences on brain and cognition are pervasive, particularly in the area of stress effects. …under emotionally arousing conditions, activation of right amygdala/hemisphere function produces relative enhancement of memory for central information in males, and activation of left amygdala/hemisphere function in females produces relative enhancement of memory for peripheral details in women.

Larry Cahill
UTMB, Galveston 2003

MÓDULO 46

LA INTEGRACIÓN DE LA RESPUESTA EMOCIONAL

La emoción, por definición, es una respuesta asociada a sentimientos subjetivos y afectivos (sorpresa, alegría, atracción, miedo, entre otros), procesada por comandos superiores provenientes de las cortezas de asociación de alto orden cerebral. Tal respuesta - posterior a un estímulo en fracciones de segundo-, integra caracteres somáticos, neurovegetativos y conductuales.

La Integración de la Respuesta Emocional

2

> La neurocirugía experimental, bien aplicada, ha sido clave en la comprensión de la respuesta emocional.

Phillip Bard, un pionero en el campo de la investigación neurobiológica conductual, utilizó modelos para provocar reacciones violentas en felinos. Tras remover áreas extensas del cerebro como la corteza y los ganglios basales en ambos hemisferios cerebrales, concluyó que el hipotálamo, una de las pocas estructuras que permanecían intactas, era un centro crítico diencefálico para el procesamiento neurovegetativo de las emociones (Bard, 1928). Las observaciones de este precursor de la neurocirugía gatuna reportaron igualmente actividad simpática como piloerección, dilatación pupilar, retracción de la membrana nictitante, taquicardia e hipertensión; además de respuestas motoras somáticas como arqueamiento del tronco, tensión de las garras y de los músculos de la cola, y gruñidos con gesticulación facial.

El experimento fue importante para fundamentar que las estructuras neuroanatómicas más antiguas, en la escala filogenética de los mamíferos, son determinantes en la manifestación de las emociones en forma integral, y que una premisa trascendente en los animales atacados en sus instintos de conservación siempre desencadenará reacciones furiosas.

Dos décadas después, ante los reyes de Suecia, en su discurso sobre el "*Control Central De La Actividad De Los Órganos Internos*",

Del Olvido al No Me Acuerdo

Walter Rudolph Hess, galardonado en 1949 por la venerable comisión Nobel del *Karolinska Institut*, relataría:

> «*The dilation of the pupils and the bristling hairs are easily comprehensible as a sympathetic effect; but the same cannot be made to hold good for the alteration in psychological behaviour. For this, only connections between hypothalamus, thalamus and cerebral cortex come into consideration. Functionally, the total behaviour of the animal illustrates the fact that, in the part of the diencephalon indicated, a meaningful association of physiological processes takes place, which is related on the one hand to the regulation of the internal organs, and on the other involves the functions directed outwards towards the environment. In other words: we know the key position in the diencephalon which has one aspect directed inwards and one aspect directed outwards. The sympathetic system is thereby, within the framework of a far-reaching organization, the mediating agent which intervenes particularly in the activity of the internal (vegetative) organs.*»

> Con el estudio de las reacciones celulares vagales e hipotalámicas, se inician los primeros estudios en memoria emocional.

Tal trabajo se enfocaba en la estimulación eléctrica de áreas discretas del hipotálamo, obteniendo respuestas vagales y también afectivas, como agresividad, o actitudes defensivas que se reportaron como posturas felinas ante el miedo (Hess, 1949).

Diversas rutas de influencia hipotalámica para obtener respuestas neurovegetativas y sensoriales, descansan en las proyecciones desde la formación reticular; esa fabulosa red *cajaliana* con más de cien grupos neuronales y fibras nerviosas en el centro del tallo cerebral descrita hace más de una centuria; importante en la modulación apnéustica de la respiración, el centro del vómito y la función cardiovascular, entre otras funciones (Zambrano, 2014, A). Las neuronas reticulares son el puente de comunicación entre el hipotálamo y la médula espinal. Su actividad produce respuestas somático-viscerales que se manifiestan principalmente con actividades motoras simpáticas.

> Muchas estructuras nerviosas son esenciales para integrar la memoria emocional

Pero la emoción, no es exclusivamente un cúmulo de respuestas vinculadas con la acción neurovegetativa del hipotálamo y la formación reticular. También tiene que ver con las manifestaciones conductuales del individuo, conformando una de las más complejas funciones del intelecto superior.

46.1 CÓMO SE PROCESA LA RESPUESTA EMOCIONAL A NIVEL SUPERIOR

Las estrategias experimentales, dirigidas a la loable misión de cuando menos intentar comprender este complejo problema de la neurobiología, forman parte de urgentes esfuerzos de eminentes grupos de investigación para dilucidar, entre otros cuestionamientos, los mecanismos intrínsecos del procesamiento afectivo de las emociones y las cualidades neuroquímicas y estructurales que las involucran (Armony JL & Le Doux JE,1997).

Para que una respuesta afectiva sea procesada se requieren varios aspectos intrínsecos, que forman parte del sistema de la cognición respecto de las emociones. Ya se ha dicho que gran parte de las estructuras concernientes a la memoria se relacionan con el sistema límbico y, por lo tanto, con el procesamiento emocional.

> El sistema de memoria explícita cuenta con mecanismos de recuperación de datos emocionales y afectivos, en la memoria de asociación.

Si no hay archivo mental y mecanismos de recuperación dentro de los sistemas de memoria, no existirán las bases lógicas para evocar un recuerdo y otorgarle la connotación afectiva. Las emociones pueden tener dos tiempos: la retroalimentación inmediata, en el caso de estímulo sensorial o de un sobresalto intencionado facilitado por la memoria implícita y, por otro lado, cuando se asocian las contribuciones de la memoria a largo plazo con las mediaciones de los estados de ánimo, en las que tiene gran participación el comportamiento y metabolismo de neurotransmisores, y con mayor razón los mecanismos de difícil acceso a los archivos de memoria explícita (Zola-Morgan & Squire, 1991; Squire et al, 2012).

Los dos mayores sistemas de memoria, analizados desde el punto de vista cognitivo-emocional, han sido investigados exhaustivamente en sus mecanismos celulares y moleculares respecto del procesamiento afectivo (Mc Gaugh, 1966; LeDoux, 2003, Cahill, 2010; Wilker et al, 2013), incluso asociando memoria de trabajo y miedo (Carter et al, 2003).

46.1.1 RECUPERACIÓN DE MEMORIA Y PROCESAMIENTO EMOCIONAL

> La integración de la memoria emocional, requiere de la asociación de otros sistemas de memoria.

La Memoria No Declarativa o Implícita (MnDI) puede acompañarse de fenómenos vagales: procesar órdenes primitivas, principalmente en zona estriatal o en neocortex, por ejemplo un reflejo motor ligado a los denominados hábitos de aprendizaje (Knowlton *et al*, 1996). También puede estar asociada a los modelos de condicionamiento clásico, caracterizada por respuestas emocionales de tipo adrenérgico que provienen de la amígdala (Milner *et al*, 1998).

Muchas formas de Memoria No Declarativa, como la habituación, la sensibilización, y el condicionamiento clásico y operante, pueden ser derivadas de la escala filogenética, incluyendo los invertebrados. Su almacenamiento no depende de neuronas especializadas ni de estructuras superiores como el sistema del lóbulo temporal medial, que requiere de todo un complejo neuronal para evocar memorias pasadas (Carew & Sahley, 1986).

Las bases moleculares de la Memoria No Declarativa (MnDl), a la que también se le atribuye un componente emocional, recaen sobre varios temas interesantes de la neurobiología, particularmente en su aspecto comparativo. Los ejemplos del condicionamiento clásico en insectos son variados, e incluyen los procesos de aprendizaje y memoria en un sinnúmero de otros invertebrados y moluscos (Carew & Sahley, 1986), al igual que en insectos (Menzell & Erber, 1978). Las primeras aproximaciones hacia una comprensión bioestructural de la MnDl se hicieron en modelos análogos reduccionistas en el sistema nervioso de mamífero, en médula de gatos (Spencer & Thompson, 1966), o aún más específicos, como cortes delgados de láminas de tejido hipocampal, o bien en estructuras cerebelares, amígdalinas, y otras.

> La neurobiología molecular enfocada a la al aprendizaje ha encontrado en la mosca de la fruta, algunas respuestas para entender a la memoria implícita.

Los paradigmas de biología celular en la MnDl ilustran, por tanto, varios principios generales acerca de su relación con la plasticidad sináptica y los mecanismos de respuesta-estímulo condicionado cumplen con los preceptos *cajalianos* de comunicación interneuronal y transferencia de la información, semejante al que se realiza de forma estricta en sistemas de memoria superiores. Guardando las debidas proporciones con estructuras de vertebrados, la sensibilización en los mecanismos moleculares de la MnDI se llevaría a cabo igualmente por la composición de tres neuronas moduladoras, cuyo ejemplo más importante es el modelo de un receptor serotoninérgico acoplado a Proteína G, como transductor de señales intracelulares, activado por AMPc y sus proteínas cinasas asociadas (PKA), que influyen de cierta forma en los mecanismos de apertura y cierre de los canales de Potasio y homeostasis del calcio, necesaria para la liberación de neurotransmisores y la movilización vesicular vinculada con la mencionada exocitosis, formando parte del mecanismo de facilitación presináptica (Byrne & Kandel, 1995).

> La memoria implícita asociada a memoria emocional, es dependiente de cascadas moleculares y proteínas cinasas.

Otra manifestación de los modelos de MnDI es el que se efectúa en la mosca transgénica *Drosophila,* en la que se utiliza al regulador CREB para inducir incluso mecanismos de memoria a largo plazo, manteniendo el efecto hasta por una semana! (Yin *et al*, 1995), lo que evidentemente hace parte de un modelo de memoria -de corto a largo plazo- producido por el complejo AMPc-PKA-CREB, y que se convierte en un prototipo en el que se retribuyen respuestas de sensibilización a diferentes olores evocados desde otros sistemas de memoria: un verdadero ejemplo de retribución mnésica sensorial.

Las memorias implícitas de los eventos emocionales han sido llamadas "memorias emocionales", y las memorias explícitas son "memorias asociadas al afecto", como expresión cognitiva-emocional (Le Doux, 1995).

Es así que los experimentos más contundentes que se han realizado, en referencia a la MnDI con carga emocional, son los de procesamiento auditivo y visual amigdalino, para ejemplificar los condicionamientos aprendidos e instintivos relacionados con la respuesta emotiva al miedo (Whalen *et al*, 1998; Goosens *et al*, 2003).

> Las Memorias Implícitas y Explícitas, son sistemas memorables que ayudan a entender la complejidad de la memoria emocional.

La compleja estructuración mnésica se organiza para producir una emoción basada en eventos. Es decir, la memoria declarativa o semántica, también denominada explícita, es procesada a nivel diencefálico. La carga emocional otorgada por un sujeto al momento de los hechos condiciona la calidad de la memorización episódica. Esta categorización compromete un engranaje que permite registrar las informaciones que ingresan al cerebro, especificándolas en un contexto temporal y espacial.

Experimentación Genética en Memoria

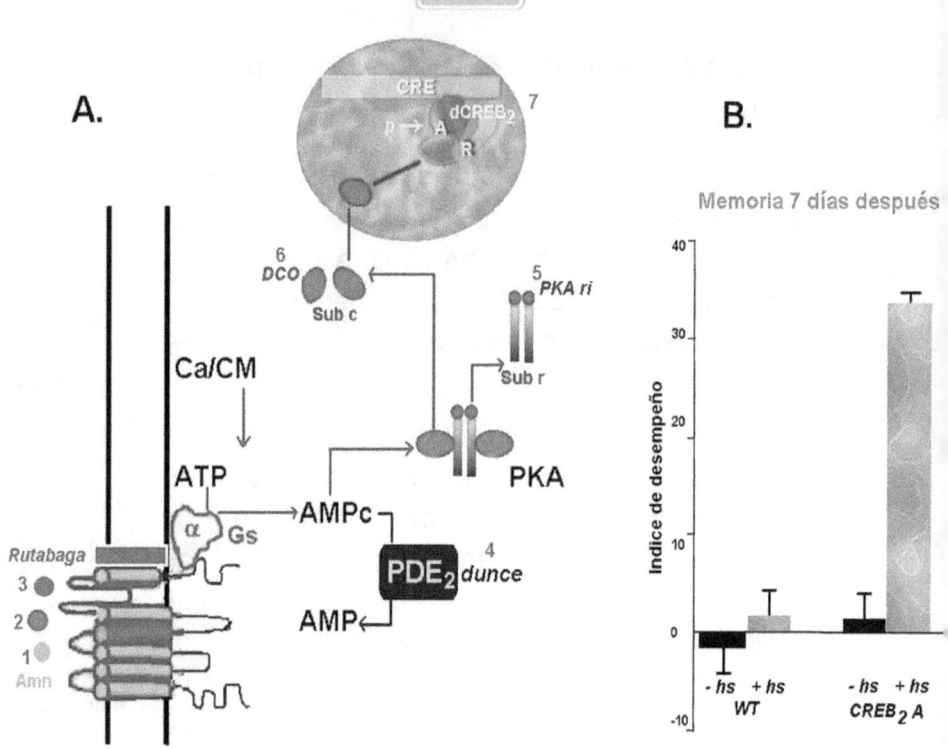

Fig. 14.1 Experimentos genéticos asociados a memoria. En A. Mutantes de memoria en *Drosophila*. Por metodología de transcripción reversa, siete genes ligados a la señalización del AMPc fueron aislados. Su disfunción, produce déficit de memoria en el sistema olfatorio asociativo. Éste genera respuestas sensoriomotoras necesarias en el aprendizaje de la discriminación odorífera, importante para la sobrevivencia de las moscas. 1. El gen, amnésico (Amn), codifica para un péptido similar al existente en la vía de la adenilciclasa de células hipofisiarias en vertebrados, que se pega a un receptor hepthelical acoplado a proteína G. 2. El segundo gen, es Gs, la fracción estimuladora en proteína G, que codifica para su subunidad α. 3. *Rutabaga*, un gen identificado en la mosca de la fruta, codifica para adenilciclasa tipo I. 4. *dunce* lo hace para la fosfodiesterasa tipo 2 (PDE $_2$). 5. DCO, codifica para unidades catalíticas, en este caso para la subunidad (Sub c) de la proteína cinasa A (PKA) 6. el gen PKA ri, lo hace para la subunidad regulatoria (Sub r). Y el séptimo gen dCREB2 (7), codifica genes represores (R) y activadores (A) participantes en la transcripción intranuclear. En B. La inducción del dCREB acelera el índice de formación de memorias a largo plazo por una duración de siete días. Usualmente no se induce memoria a largo plazo, con y sin choque calórico, en moscas de la fruta normales *drosophila wild type (wt)*. Obsérvese que en el transcurso de horas, el activador transgénico de CREB2 incrementa su desempeño bajo el control de los promotores de choque calórico (HS). Tras realizar la prueba, los genes que no se asocian a estos promotores HS, no generan en *drosophila* niveles significativos de memoria (Modificado de Yin *et al*, 1995 y Milner *et al*, 1998)

Muchos son los estudios que conjuntan a las redes de la memoria con la evocación de sujeción afectiva, sobre todo como respuesta a un estímulo determinado. Hay estímulos que producen miedo, placer, que incrementan los estados de alerta o invitan al cierre temporal de toda acción compleja cerebral. Estos pueden variar en el concepto de procesamiento mental de una imagen o un sonido, o algún tipo de *input* sensorial, ya sea táctil, olfatorio, o de sabor. Resulta interesante que este último tipo de procesamiento podría también vincularse con fenomenología propia de los estados alterados de la conciencia, discutidos en la parta final de esta *Summa Neurobiológica* (ver índice), y que pueden interactuar igualmente con las estructuras que motivan el procesamiento del miedo en el individuo.

El almacenamiento de la memoria explícita se relaciona con la habilidad que se tiene para reconocer personas, lugares y objetos. El modelo experimental con animales murinos ha sido probado para estos efectos, encontrándose afinidad por el reconocimiento a lugares, objetos y olores, pero en un contexto espacial. Muchos de estos estudios demuestran que, cuando hay una lesión hipocampal, o de sus estructuras relacionadas, existe una interferencia con el proceso del almacenamiento de la memoria explícita (O'Keefe, 1971), concerniente a la memoria espacial, que es codificada por algunas

> Cada sistema de memoria actúa como un conjunto de reacciones emocionales, dependiente de mecanismos moleculares específicos.

neuronas del hipocampo, y los mecanismos de potenciación a largo plazo (LTP).

El LTP es un mecanismo de potenciación sináptica en células piramidales del hipocampo, incrementado artificialmente por trenes de potenciales de acción de alta frecuencia que prolonga con un efecto permanente (horas o días) la eficacia de la comunicación en las terminaciones nerviosas de ciertas áreas, especialmente la red colateral de *Schaffer*, cuyos axones siempre tienen altas concentraciones de glutamato, un aminoácido excitatorio encargado de despolarizar la membrana post-sináptica.

Gracias a la acción de este complejo mecanismo, desencadenado por la liberación del glutamato desde las células piramidales de la red colateral de *Schaffer*, que inicia con la despolarización de la membrana postsináptica y termina con la liberación de segundos mensajeros activados por el influjo de calcio, se instala el evento molecular intracelular, considerado importante para el archivo de las memorias declarativas: La potenciación sináptica que se mantiene por horas, e incluso días, convirtiéndose en el sustrato para comprender los mecanismos de almacenamiento a largo plazo de los estímulos memorables.

La memoria declarativa puede ser explicita (MDE), y es la capacidad que tiene el cerebro para elaborar recolecciones

> La memoria e.mocional, cuando se archiva a largo plazo, implementa mecanismos como el LTP

conscientes de hechos y eventos asociados a las vivencias de un individuo. Es proposicional (puede ser verdadera o falsa), proviene de los estímulos externos y se almacena con base en episodios vividos o procesados en forma sensorial (Cohen N.J & Squire, 1980; Eichenbaum, 2000, Squire, 2012).

La memoria episódica, un tipo de procedimiento peculiar de aprehensión de la información explícita como parte de la memoria declarativa, podría, de manera eventual, producirnos algún tipo de emoción con dos ejemplos básicos, que asocian los trabajos de Neal Cohen y Larry Squire sobre "el qué y el cómo" del procesamiento mnésico (Cohen & Squire, 1980). Saber, por ejemplo, dónde se almacena la palabra *"Forschung"*, tiene dos acepciones. En una, sabemos de antemano - si tenemos redes que asocien el término - que no es de nuestro idioma *(vide infra)*. ¿Cómo inferimos que no puede ser inglés, ni francés? Si hay redes activadas de cerebro semántico (Zambrano, 2014 b), entonces ¿Por qué pensamos que puede ser fonética alemana, o cuando menos sajona? Además, un segundo punto de discusión, busca resolver la red neuronal que asocia el término.

> ¿Que pasa con las palabras o datos que *"tenemos en la punta de la lengua"* y que luego asociamos con otras ideas?

El complejo estructural de las letras "por", en términos de *priming* asociado a los sistemas de memoria, puede terminar en la palabra PORtal, (y portal en puerta, pero no poder asociar la palabra siguiendo mecanismos FOK-TOT), y ser parte de tal *priming* -a veces muy bien conservado en pacientes amnésicos- (Milner *et al*, 1998) o presente en los pródromos de Alzheimer. Ese tipo de respuesta condicionada *"a priori"* corresponde a memorias arcaicas dependientes de sistemas implícitos de memoria no declarativa, pero también ha sido asociada a mecanismos concienciales (Zambrano, 2012).

Otro intento, con una silaba tan familiar como "ma", podría terminar en mata, match, mota, muta, etc., y degeneraciones de sonido a otros sonidos. Esos son paradigmas aún no claros, o no evidenciados experimentalmente, y podrían estar referidos, o con relativa certidumbre depender, de la estructura emocional del individuo, siempre y cuando maneje memoria asociativa a episodios declarativos previos, donde el lenguaje es expresado (Squire et al, 2012, Weimar et al, 2013).

> Un mecanismo para entender la integración memorable de las emociones, se relaciona con los sistemas de memoria explícita.

¿Esto sería entonces un tipo de memoria implícita que involucra los hábitos previos? O bien, forma parte de la memoria explícita por un episodio que tiene que ver con archivos semánticos anteriores (Baddeley *et al*, 2001). Se describió, en el libro relacionado con los sistemas de memoria y las cortezas de asociación (Zambrano, 2014, d), que la definición de una palabra u objeto es parte de la memoria semántica, mientras que saber en qué consiste una palabra puede ser parte de una memoria episódica; igual que el hecho de reconocer o recordar nombres conocidos de una serie de personajes de farándula o escritores famosos. Lo mismo pasa con el término *"forschung"*. Es decir, ¡no significa nada si no tenemos un archivo de memoria episódica ! Por tanto, en este caso, tendrá una red que implique cierto tipo de respuesta emocional, de acuerdo con el banco de memoria donde este término haya sido almacenado previamente, y que correspondiese a un mapeo léxico que asociase ganglios basales (Ullman et al, 1997), AB 44-45, Cíngulo anterior y cortezas de asociación incluso prefrontales, existentes en el cerebro gramatical (Zambrano, 2014 b, d).

La forma y vías que utiliza la memoria para la recuperación del término, tanto en su estructura sintáctica como en su versión semántica, tiene dos áreas diferentes de procesamiento y sigue los mecanismos *fringe* concienciales como *Feeling of Knowing* o TOT (Zambrano, 2012; Baars et al, 2013). En una, hay un papel trascendente de alguna red vinculada con los ganglios basales. De ser así, sería muy viable la probabilidad de que ese tipo de información se lleve a cabo en el estriado (Knowlton *et al*, 1996; Ullman *et al*, 1997). En otra, el significado se asociará con estructuras medias del lóbulo temporal, extensiones límbico-diencefálicas que consolidan la memoria, antes de enviar la información al *neocortex* (Mishkin & Murray, 1994; Poremba *et al*, 2004).

> En ciertos procesos de recuperación de memoria, llegan a participar redes asociadas a ganglios basales.

Por lo tanto, la diferencia de los procesamientos de retribución de un dato memorable dependen de diferentes instrucciones, que pueden estar relacionadas con mecanismos de la memoria a corto y largo plazo, ya que toda experiencia almacenada como un hecho que marque el comportamiento de un individuo, siempre será guardada como un evento de recuperación a largo plazo (Milner *et al*, 1998).

> Los vínculos de integración emocional requieren de la participación de la corteza prefrontal ventromedial.

Esto último se presenta en las memorias declarativas y no declarativas, que pueden ser explícitas o implícitas, y dependen de eventos, condicionamientos y aprendizaje no asociativo, almacenados en las diferentes redes mnésicas. Hechos que, inevitablemente, pueden gozar de connotaciones emocionales.

Debe recordarse que la actividad cognitiva es procesada por la corteza cingulada anterior y áreas adyacentes correspondientes a la corteza prefrontal dorsomedial (CPFDM) (Petersen *et al*, 1988; Simpson *et al*, 2001), mientras que los vínculos de integración emocionales son parte del procesamiento de la porción ventromedial de la corteza prefrontal (CPFVM) (Bush, *et al*, 2000; Luu & Posner, 2003).

La evidencia de que existe algún tipo de relación entre la percepción emocional, los juicios intelectuales y el comportamiento, es cada vez más patente, especialmente si se piensa que proceden de los eventos asociados al conocimiento consciente (Le Doux, 1996;

Lane *et al*, 1998). Tales cuestionamientos, sobre todo en conducta humana, son fundamentales; en particular, al discernir las experiencias conscientes y considerarlas como un elemento esencial de la emoción.

Los estudios más concretos en el campo que relaciona las experiencias del conocimiento consciente y las percepciones emocionales son los realizados a seres humanos. En ellos, se inducen emociones como alegría, tristeza y disgusto, mientras se les proyecta películas con este tipo de escenas coincidentes, y sus reacciones se registran con el apoyo de tomografía por emisión de positrones (Lane *et al*, 1998; Reiman *et al*, 1997). O bien, durante el desempeño de tareas cognitivas (Simpson JR *et al*, 2001), donde la emoción tiene un fuerte desempeño, como en la toma de decisiones (Bechara *et al*, 2003).

¿Cómo se archivan las senso percepciones emocionales?

El empirismo relacionado con el conocimiento consciente, como ver una película, evocar un recuerdo o tomar una decisión, representa el apartado de la atención, mientras que la expresión o reflejo de alegría, tristeza, miedo o disgusto, corresponde a la traducción psicológica de la emoción.

Una experiencia emocional puede tener importantes consecuencias en la adaptación del impacto en el individuo que recibe el estímulo. Esto es francamente determinante para los aprendizajes posteriores, cuando seleccionar una alternativa puede depender de emociones previas. Richard Lane y Eric

Memoria Emocional y Episódica

> La memoria emocional para ser retribuida debe tener un componente episódico, pero también es muy dependiente de hábitos condicionados.

Reiman, de la Universidad de Arizona, citan los trabajos de A. Karmiloff – Smith, sustentando las tesis de Jean Piaget (Lane *et al*, 1998). Describen los niveles de conocimiento emocional, desde la fase sensorial con aprehensiones del medio físico, hasta las fases pre-operacional y operacional concreta, que son típicas de las tareas neurocognitivas, en donde se ve inmersa, entre otras funciones, la toma de decisiones (Karmiloff-Smith, 1994). Ellos sostienen que el desarrollo cognitivo deviene de un proceso llamado "redescripción representacional", que involucra la transformación de un conocimiento vinculado con la memoria implícita (sensoriomotriz o de procedimiento), y a la memoria explicita, que asocia un pensamiento consciente a través del lenguaje en todas sus formas, u otra opción de representación.

Esto significa que, de alguna manera, los estudios conceptuales que buscaban, a comienzos del pasado siglo XX, los principios neuronales correspondientes a la manifestación del procesamiento de archivos mnésicos, en los que se determinaba al engrama como unidad generalizada de la memoria, podrían tener un sustento teórico que asociara a las emociones, siendo un objeto de estudio para los actuales investigadores.

Numerosas son las estructuras que participan en la representación neural de la emoción, que conferirían un papel al procesamiento de las experiencias del afecto en relación con la atención y la toma de decisiones. Los trabajos iniciales en este aspecto son realizados por verdaderos visionarios de la neurobiología y las neurociencias cognitivas, e implican principalmente a pioneros en la investigación del tálamo (Cannon, 1927 y 1931), y el hipotálamo (Bard, 1928), o la corteza del cíngulo (Papez, 1937), y el resto de descripciones posteriores que la describen contundentemente como fundamental en esta microcircuitería (Devinsky *et al*, 1995). En los últimos años, y como prueba de ser un objeto de continua experimentación, existe literatura que complementa los primeros experimentos realizados por John Downer hacia 1950 en la amígdala (Aggleton, 2000; Bechara, 2003), y otros grupos de trabajo que implican al estriado ventral (Robbins & Everitt, 2002), la ínsula anterior (Augustine, 1996), la corteza orbito-frontal (Bechara *et al*, 2000), y la CPF medial (Reiman *et al*, 1997).

> Los nuevos conceptos en redes neurales de la emoción, involucran mecanismos de recompensa, toma de decisiones y corteza insular.

46.2 LA COMPLEJA MICROCIRCUITERÍA DE LAS EMOCIONES

La relevancia neuroanatómica y funcional del circuito orbito-frontal-cingulado-parahipocampal (Zambrano, 2014 a,b), sugiere la necesidad de una comprensión más integral de los mecanismos implicados en la generación y procesamiento de las emociones.

> La amígdala desempeña un papel fundamental en el procesamiento de la memoria emocional.

Tras el auge de trabajos que surgieron después de las teorías prodigadas a finales del siglo XIX -por William James y James Lange- sobre los mecanismos de la emoción basados en respuestas que obedecían a estímulos somático-viscerales, y la contrapropuesta, un poco más intelectual, de Walter Cannon y Phillip Bard, tres décadas después, los científicos trataron de elucidar exactamente las estructuras neurales implicadas en la emoción. Uno de estos modelos fue el que se divulgó con gran fuerza durante la mayor parte del siglo XX, y obedecía mayormente a la acción concertada de varias estructuras límbicas (Papez, 1937).

Las vías que le constituyen son las proyecciones que se vierten sobre los cuerpos mamilares adyacentes al hipotálamo y el haz nervioso que viaja desde allí hacia el núcleo anterior del tálamo, conocido como el fascículo mamilo-talámico, o *Vicq d'Azyr* (Zambrano, 2014 a). De igual forma, los cuerpos mamilares reciben aferentes de un grupo de fibras que proceden del hipocampo, conocido como el *Fornix*, lo que establece que la principal interacción que existe para que se produzcan las emociones depende de este cúmulo fibroso que conecta el hipocampo y el hipotálamo. Finalmente, tal y como se describe en la figura 14.2, el tálamo está muy bien conectado con el giro cingulado, y actualmente se sabe que más especialmente con la CCA y la corteza entorrinal, estructuras cruciales en el procesamiento afectivo y cognitivo de las emociones.

Aunque se ha demostrado científicamente por neuroimagen, electrofisiología y otras herramientas de las neurociencias cognitivas (Damasio, 1996), que hay más estructuras involucradas en el procesamiento emocional; la perspectiva actual en este campo busca más evidencias para integrar un mapeo definitivo que refleje un circuito emocional-conciencial (Zambrano, 2014, B).

En relación con el procesamiento perceptivo de la emoción; esto es, el conocimiento de la emoción y su debido archivo en la memoria, se reconoce actualmente que la corteza cingulada anterior (CCA) desempeña una función trascendente en la integración de los procesos cognitivo-emocionales, y que está íntimamente ligada con los componentes atentivos, selectivos, y otros que también participan en la conducta maternal, la vocalización, la función esqueleto-motora y el control autonómico (Vogt BA & Gabriel M, 1993; Simpson *et al*, 2001).

James Papez, (1883-1958)

Es así, que la emoción y el dolor, u otras sensaciones aferentes exteroceptivas, o estímulos interoceptivos, proveen una localización, momento a momento cambiante, respecto a los nuevos recursos de integración sensorio-motores que puedan existir en este tipo de procesamiento (Craig, 2010).

El Circuito Emocional
22

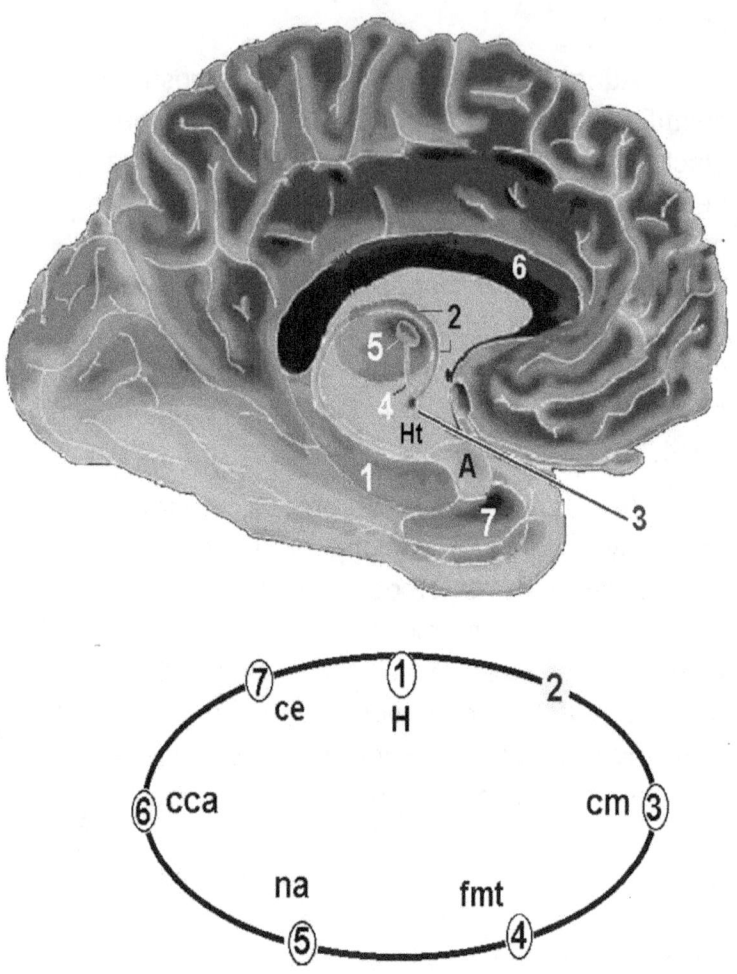

Fig. 14.2 Estructuras involucradas en el ciclo de las emociones. A través de los pilares del fornix (2), el hipocampo (1) se comunica con los cuerpos mamilares (3) situados dentro del hipotálamo (Ht), que por medio del fascículo mamilo-talámico de Vicq d'azyr (4) envía la información al núcleo anterior del tálamo (5). Éste tiene eferentes hacia giro cingulado (6) comunicada con la corteza entorrinal y por supuesto el hipocampo, para cerrar el circuito. La amígdala (A) se indica por tener gran relevancia en las reacciones emocionales (A partir de Papez, 1937).

En términos de integración emocional, estas respuestas emocionales se adaptan cada milisegundo en redes especializadas, para lograr óptimamente una final traducción neurocognitiva de las senso-percepciones, desde áreas subcorticales parahipocampales. Por tal razón, la CCA se ve involucrada con el desarrollo neural del archivo de las experiencias conscientes emocionales (Lane *et al*, 1998), mientras que la CPF, se ocupa de las distinciones cognitivas (Simpson et al, 2001; Zambrano, 2012).

> El cíngulo anterior y la corteza prefrontal, son esenciales en los mecanismos que ayudan a distinguir el peso sináptico de las emociones.

La actividad de la corteza cingulada anterior ha sido comprobada por muchos estudios PET (Tomografía por Emisión de Positrones), siguiendo tareas cognitivas y sensoriomotoras, incluyendo los efectos de interferencia que causan conflicto (Pardo *et al*, 1992), o en las consecuencias del mismo (Fan *et al*, 2003), o su influencia en el procesamiento semántico (Petersen *et al*, 1988). Igualmente, se han evidenciado efectos de regulación con la actividad simpática (Luu & Posner, 2003). Ello significa que la CCA fomenta el componente subjetivo de la emoción en su aspecto neurovegetativo y traduce la parte objetiva de la emoción, que se observa en la intencionalidad de las respuestas cognitiva y motora, a través de un interesante puente entre el tálamo y al corteza prefrontal (Frith *et al*, 1991).

> El sistema mesolímbico y las estructuras para hipocampales como la corteza orbitofrontal, son fundamentales para integrar las emociones.

Es probable que las emociones tengan priorización en las reacciones mediadas por la misma subjetividad del individuo. Sin embargo, lo más probable es que, independientemente de cómo se presente o se aprehenda la emoción, siempre será dependiente de la modulación por neurotransmisores. En fecha reciente, los científicos han podido demostrar, mediante PET, la actividad cerebral y el correlato neuroanatómico de personas que presentan abatimiento, no necesariamente depresivo ni relacionado con la melancolía, en las emociones afectivas como la gran pena moral y la nostalgia (Gundel *et al*, 2003).

Otra interesante forma de demostrar la importancia de la nueva microcircuitería emocional es estudiando la función estructural de las redes neuronales, que podrían estar implicadas en el recuerdo de familiares. Con elegantes ejercicios planteados por los expertos en neurociencias cognitivas para evocar los recuerdos más afectivos, categorizados de manera autobiográfica, se pudo detectar que el proceso de recuperación de estas anécdotas se efectúa mayormente en la corteza cingulada posterior (Maddock, *et al*, 2001), mientras que los procesos de reconocer nuevas caras sin un gran vínculo afectivo se desarrollan en áreas de predominio fronto-parietal y temporal inferior (AB 40) (Leube *et al*, 2003).

La cingulotomía anterior es un procedimiento neuroquirúrgico aceptado para el tratamiento del dolor de difícil control (Wilkinson, 2000); esto tiene mucha relación con los síndrome de dolor aprendido y con el componente emocional asociado al dolor, tanto social como psicológicamente intrínseco, y quiere decir que el dolor tiene un vínculo con la CCA, pero no con la corteza somato sensorial (Rainville *et al*, 1997).

Las emociones han sido el centro de atracción de muchos grupos contemporáneos, y actualmente Daniel Tranel y Antonio Damasio, entre otros, fortalecen la propuesta de un sistema de disociación neural que el cerebro utilizaría para distinguir y categorizar las emociones (Adolphs *et al*, 2003). El interés sobre este apasionante hallazgo es, sin duda, la probabilidad de diferenciar tareas fisiológicas más específicas entre las estructuras límbicas del giro parahipocampal y el hipocampo propiamente dicho, principalmente en el procesamiento de sistemas de memoria declarativa o explícita.

En el procesamiento de caras, por ejemplo, el hipocampo izquierdo ha sido identificado recientemente como el responsable de guardar los aspectos fisonómicos que identifican una cara previamente vista, mientras que el hipocampo derecho otorga las cualidades emocionales y afectivas a la familiaridad de las mismas (lidaka *et al*, 2003).

> Un paradimga de estudio en este campo, es el reconocimiento de las caras acordes a cada respuesta emocional.

Módulo 47

LA MEMORIA Y LAS HORMONAS

Let The Adrenaline Flows...

> ¿Cuál es la estructura hormonal periférica que se asocia con la memoria emocional?

En la sección anterior quedó bien establecido que la actividad emocional relacionada con los afectos está influida, en parte, por los sistemas de memoria explícitos o a largo plazo. En los subsecuentes párrafos se revisará la influencia de la activación de ciertas estructuras límbicas, implicadas en los procesos mnésicos de consolidación por hormonas vinculadas con los sistemas adrenérgicos, en especial por los glucocorticoides, ligados a las conductas emocionales intensas (Lupien & Mc Ewen, 1997; Cahill & Mc Gaugh, 1998; Okuda *et al*, 2004, Hauer et al, 2013, Schönfeld et al, 2014).

Los mecanismos de memoria declarativa vinculados con la amígdala, y el procesamiento afectivo de las emociones almacenadas, relacionadas con los afectos, también han sido estudiados electrofisiológicamente, lo que involucra mecanismos de potenciación a largo plazo previamente descritos (Bliss y Lømo, 1973; Chapman, *et al*, 1990), y ambas estructuras *in vivo*: En otras palabras, el hipocampo y la amígdala basolateral a nivel celular y molecular (Ikegaya *et al* 1997;

Roozendaal *et al*, 2004), incluso procesando memorias emocionales como los observados en condicionamientos al miedo (Johansen et al, 2011).

Existen evidencias experimentales donde se describen sistemas neuromodulatorios y hormonales que regulan los depósitos de información mnésica (Mc Gaugh, 1989; McIntyre *et al*, 2003, Cahill, 2010). Cuando hay lesiones amigdalinas, la influencia adrenal es bloqueada en los procesos de almacenamiento de memoria y en los eventos de modulación de archivo y recuperación mnésica relacionados con los receptores adrenérgicos y los glucocorticoides (Miranda *et al*, 2003).

> Los gluco corticoides son sustancias involucradas en memoria emocional

Los glucocorticoides, por su parte, incrementan el procesamiento de archivo de memoria que abarca, de paso, la activación noradrenérgica en el núcleo basolateral amigdalino (NBA) (Quirarte *et al*, 1997). El siguiente resumen esquemático, ideado por el grupo de James Mc Gaugh, muestra las interacciones neuromoduladoras que influyen en el almacenamiento de memoria.

Para que haya una comunicación efectiva entre las hormonas procedentes de la corteza adrenal, especialmente los glucocorticoides y la adrenalina, es necesario enfatizar que estas sustancias atraviesan una de las membranas más selectivas del organismo; en este caso, la barrera hematoencefálica, que permite el paso de sustratos neuroquímicos muy específicos al cerebro.

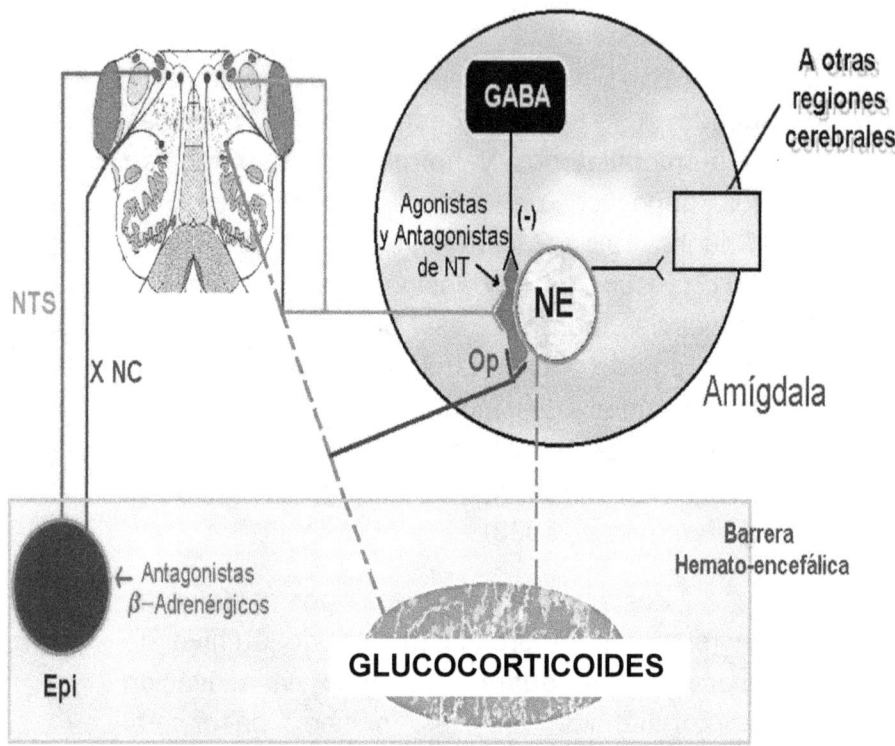

Fig. 14.3. Mecanismos de almacenamiento en la respuesta emocional. En la amígdala se encuentran los componentes neuromodulatorios que regulan la memoria emocional. Allí hay gran densidad de receptores agonistas y antagonistas a neurotransmisores (NT), como GABA, Norepinefrina (NE) y a polipéptidos endógenos opioides (Op). La amígdala tiene proyecciones a varias áreas nerviosas, pero también se comunica con el tallo cerebral, especialmente con el Núcleo del Tracto Solitario (NTS) de donde emerge el nervio encargado de las reacciones vagales (X NC, Décimo Nervio Craneal), que tiene un notorio patrón adrenérgico distribuido por todo el sistema nervioso periférico. Al atravesar la barrera hematoencefálica, la adrenalina (Epi) y los glucocorticoides entran en interacción con los núcleos del tallo cerebral, para recuperar e integrar información periférica y hormonal que se presenta en los eventos emocionales y enviarla de regreso a la amígdala. A partir de Mc Gaugh *et al*, 1996.

Los glucocorticoides, por su parte, incrementan el procesamiento de archivo de memoria que abarca, de paso, la activación noradrenérgica en el núcleo basolateral amigdalino (NBA) (Quirarte et al, 1997). El resumen esquemático de la figura 14.3, ideado por el grupo de James Mc Gaugh, muestra las interacciones neuromoduladoras que influyen en el almacenamiento de memoria.

> Los glucocorticoides y la adrenalina son sustancias que atraviesan la barrera hematoencefálica.

Para que haya una comunicación efectiva entre las hormonas procedentes de la corteza adrenal, especialmente los glucocorticoides y la adrenalina, es necesario enfatizar que estas sustancias atraviesan una de las membranas más selectivas del organismo; en este caso, la barrera hematoencefálica, que permite el paso de sustratos neuroquímicos muy específicos al cerebro.

El grupo de investigación del Premio Nobel de Fisiología y Medicina 1970, Jules Axelrod, distinguió con eficiencia la benevolencia de esta capa, en especial para las constituyentes adrenérgicas (Weil-Malherbe H, Axelrod J & Tomchik R, 1959).

Los antecedentes de modulación de otros neurotransmisores participantes en los mecanismos de almacenamiento de memoria amigdalinos relacionan ampliamente al sistema GABAérgico (Brioni, JD et al, 1989). Las lesiones en el hipocampo dorsal, y en la propia amígdala, bloquean los efectos de las drogas asociadas a los receptores GABA en los procesos de archivo mnésico (Ammassari-Teule *et al*, 1991). También han sido implicadas las vías de activación colinérgica respecto de su relevancia en procesos neurodegenerativos con adrenalina circulante y norepinefrina, como en la demencia de *Alzheimer* (Shinotoh *et al*, 2003).

> El núcleo *accumbens*, relacionado con vulnerabilidad a las adicciones, tiene interacciones neuronales con estructuras fundamentales en la integración emocional.

Se ha reportado incluso la asociación de la hormona Adrenocorticotrópica (ACTH) en los fenómenos de la consolidación de la memoria, teniendo como acoples neuroquímicos a las β–Endorfinas y a la Naloxona. Así, se considera la disposición de una muy importante vía de interacción entre las catecolaminas, los opioides y la modulación de las emociones (Izquierdo *et al*, 1985; Quirarte *et al*, 1998).

La gran contribución de estos compuestos en los mecanismos de la emoción pone de manifiesto la necesidad de explicar tales eventos desde una perspectiva más profunda, referente a las estructuras neuroanatómicas cercanas al tallo cerebral. Debido al sinnúmero de comunicaciones peptídérgicas convergentes de manera indistinta hacia ciertos componentes límbicos, existen proyecciones que llegan hasta la amígdala y el hipotálamo, procedentes del núcleo del tracto solitario (Ricardo & Koh, 1978; Miyashita & Williams, 2003), al igual que la trascendencia funcional del *Locus Ceruleus*, que juega un papel determinante en la activación emocional dependiente del sistema noradrenérgico (Aston-Jones G *et al*, 1996; Berridge & Waterhouse, 2003, Clem & Huganir, 2014).

En el estudio continuo de las áreas que comprometen las vías proyectadas hacia el NBA, se han analizado las interacciones sinápticas entre el cúmulo de aferentes excitatorias y las neuronas constitutivas del núcleo accumbens, considerándolas como un canal de apertura que, desde el hipocampo, promueve el paso hasta la CPF, de valiosa información referente a la modulación del almacenamiento de la memoria afectiva (O'Donnell P & Grace A, 1995, Schoenbaum & Setlow, 2003, Ceccom et al, 2014, Hermans et al, 2014).

> Los núcleos amigdalinos son fuertemente dependientes de adrenalina.

El NBA tiene dependencia β-adrenérgica. Además, la retención del material emocional a largo plazo ha sido estudiado por imágenes de Resonancia Magnetica Funcional (Buchel *et al*, 1999) y de Tomografía por Emisión de Positrones (PET) (Shinotoh *et al*, 2003) en su relación específica con ésta región en los procesos de aprendizaje, evidenciando su fuerte implicación en los procesos cognitivo-emocionales.

47.1 LA PARTICIPACIÓN DE LAS HORMONAS HIPOFISIARIAS EN LA MEMORIA Y LOS AFECTOS.

> Existen sólidas evidencias científicas que involucran a los estrógenos y a la testosterona en eventos propios del fortalecimiento sináptico en memoria y aprendizaje.

La memoria emocional, mayormente procesada en áreas circunscritas al lóbulo temporal medial, es un proceso de alto orden jerárquico proveniente de información neural del hipocampo y vías sensoriales de cortezas cercanas. Durante el transcurso de este capítulo, se ha descrito que las emociones están reguladas por hormonas adrenales, cuya síntesis bioquímica inicia en células cromafines, y también de otro tipo de mecanismos que median la tristeza, la sorpresa, la agresividad, los afectos, etc. Este procesamiento ocurre al efectuar la discriminación de episodios almacenados en la memoria, que pueden pasar en diferentes estadios temporales: Hoy se recuerda una emoción o estado afectivo, y otro día es imposible evocarlo. Una determinada emoción almacenada a largo plazo refleja, de hecho, un componente afectivo en la consolidación de la memoria (Packard & Cahill, 2001).

La recuperación de la memoria, es claro, tiene sus procesos. No obstante, en el campo de la memoria emocional, los científicos aún no se ponen de acuerdo en cuál sería el principio fundamental por el que suceden estos eventos. Inferir el mecanismo o la vía neuronal de la restitución selectiva de la memoria es parte de los muchos enigmas por resolver en los múltiples cuestionamientos que nos brinda la investigación en este campo de la neurobiología.

El estratégico desempeño anatomo-fisiológico del bulbo olfatorio podría darnos una orientación. Es la puerta de contacto entre el sistema límbico -implicado en el procesamiento emocional de las sensaciones- y el mundo exterior. Por su vecindad hipocampo-hipotalámica, el mecanismo de procesamiento de algunas sustancias químicas se antoja sugestivo (Morales-Medina et al, 2013).

Experimentos con infusiones de precursores estrogénicos en dosis mínimas dentro del hipocampo incrementan la memoria en ratas cuyos ovarios han sido lesionados, indicando que las hormonas gonadales tienen algún tipo de modulación sobre mecanismos mnésicos de retroalimentación hipofisiaria, que influyen indudablemente en el comportamiento afectivo (Packard, 1998).

> La actividad hormonal hipofisaria se vincula con el hipotálamo y las glándulas adrenales para procesar datos memorables de índole emotiva.

Es incipiente la carga de trabajo respecto de una teorización científica que implique a las hormonas hipofisiarias en los mecanismos de memoria emocional. Empero, en los últimos años se ha caracterizado la importancia del sistema hipotálamo-hipófisis-adrenal en la biología de la depresión, que, como tal, afecta el comportamiento cognitivo de quien la padezca (Heuser, 1998; Carter *et al*, 2001).

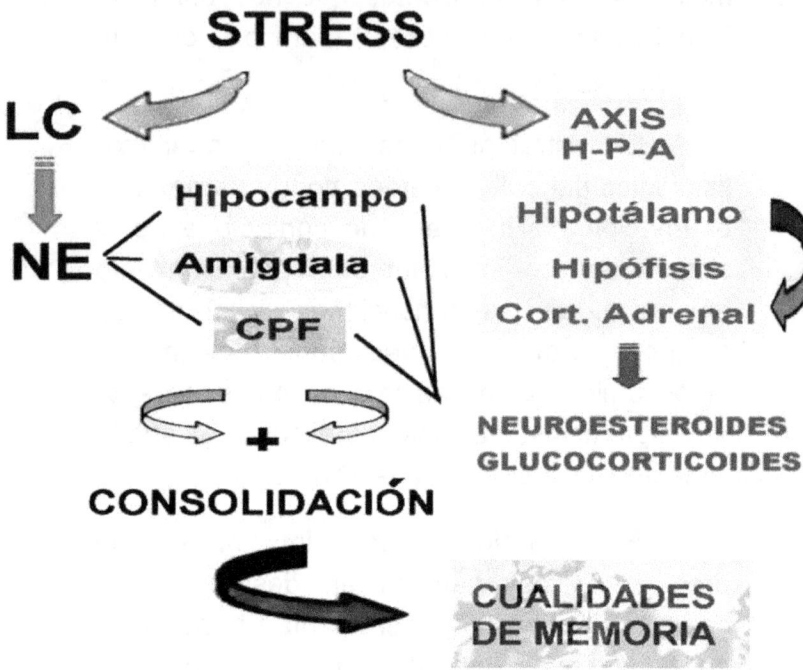

Fig 14.4 **Stress y Memoria Emocional** El eje Hipotálamo-Hipófisis-Glándulas Adrenales (Axis HPA) y su influencia en la memoria emocional. LC, *locus ceruleus*; NE, Norpinefrina y otros catecoles; CPF, Corteza PreFrontal. (A partir de Krugers & Hoogenraad, 2009).

47.1.1 EL PAPEL DE LAS HORMONAS FEMENINAS EN LA MEMORIA EMOCIONAL

Así, ¿cuál es la participación de las hormonas en los procesos intelectuales? La psiconeuroendocrinología se encarga de dilucidar tal dilema. Los sistemas inmunes y el *stress*, no se quedan atrás. Es sabido que el *stress* modifica las sustancias inmunomoduladoras del sistema nervioso, incluida la función de algunos neurotransmisores, específicamente para el caso de Dopamina y otras catecolaminas, además de la Serotonina, y otros péptidos neuroactivos (Packard & Cahill, 2001, Cahill, 2010; Schönfeld et al, 2014).

Durante el desarrollo, la presencia de algunos neurofilamentos, como el NF 68 y NF 200, en tractos hipofisiarios es regulada por actividad estrogénica, lo que hace pensar que el tejido nervioso hipofisiario tiene una dependencia hormonal de predominio adrenal (Fiordelisio *et al*, 2002), cuyos niveles decrecen en condiciones de hipoxia y *stress* (Posmantur *et al*, 1994).

> Los neuro péptidos y neuro transmisores, son las sustancias que determinan el impacto para que una emoción pueda ser archivada.

Los estrógenos, por su parte, han demostrado importancia en los procesamientos cognitivos, por medio de los moduladores selectivos de receptores estrogénicos (por sus siglas en inglés, SERM), relacionados con las modificaciones de los desempeños cognitivos en los que participan derivados de neuroesteroides, en particular la alopregnenolona y la DHEA (DeHidroEpiAndrosterona), vinculados en fenómenos reguladores dependientes de GABA (Bernardi *et al*, 2003); además, recientemente se les ha identificado con eventos que modulan la actividad de las tareas cognitivas y memorias semánticas generadas en la enfermedad de *Alzheimer* (Maki & Resninck 2000; Hirono *et al*, 2001), y muy especialmente con una influencia en las sinapsis hipocampales, sugiriendo una eventual participación en la plasticidad sináptica (Adams & Morrison, 2003, Shang et al 2010).

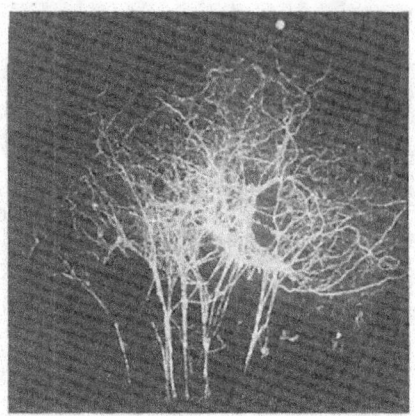
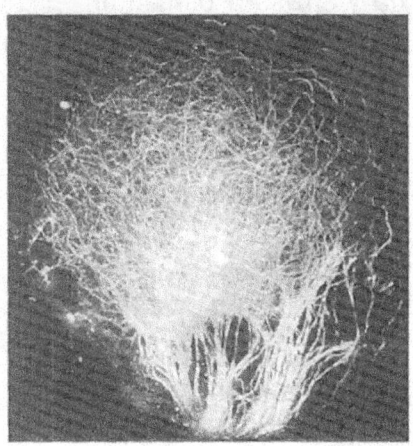

Fig. 14.5 **Modificación en las terminales nerviosas, gracias a la actividad estrogénica.** Clásicos experimentos en neurociencias, demuestras que el estrógeno causa un exuberante crecimiento neurítico en células hipotalámicas de un ratón recién nacido. (Tomado de Thorand-Allerand, 1978)

La hormona liberadora de corticotropina (CRH) es la señal cardinal del sistema denominado «Axis Adrenal Pituitario-Hipotalámico» (APH) (Chorusos *et al*, 1998. Krugers & Hoogenraad, 2009). Su deficiencia en el post-parto está asociada con las sensaciones de tristeza que se presentan en algunas mujeres en el período puerperal. La fisiología clásica en este aspecto describe que los niveles de glucocorticoides se elevan durante el tercer trimestre del embarazo, semejando las mismas concentraciones de cortisol que se presentan tras un ejercicio extenuante, o en depresiones mayores. La relación de ACTH y cortisol está demostrada igualmente en sus fluctuaciones durante los ritmos circadianos, donde se sabe que disminuyen a horas de la madrugada; sin embargo, aún no es clara la dependencia con CRH.

Protocolos neurocientíficos en este sentido, traducen que muy probablemente otro secretagogo por vía nerviosa, como la HAD (vasopresina), desde neuronas parvocelulares de la neurohipófisis, podría regular la secreción circadiana de ACTH durante el embarazo (Carter *et al*, 2001), además de su desempeño en implicaciones experimentales, similar al de la oxitocina, que influye en las tareas de memoria y aprendizaje (Engelmann *et al*, 1996) y cognición social (Carter et al, 2008).

Además, de forma reciente se apoya la idea, que genéticamente la Oxitocina es determinante en todo mecanismo de reconocimiento emocional y comportamientos de afiliación entre humanos (Skuse et al, 2014). Lo anterior determina, que estos nonapéptidos neurohipofisiarios (tanto ADH, como Oxitocina), son absolutamente influyentes en las reacciones emocionales del individuo, desde el punto de vista neuroepistemológico y de las neurociencias sociales y la neuroantropología garantizando así la evolución social de la raza humana en términos de cooperatividad y

> Dos neuro hormonas, la Oxitocina y la hormona antidiurética tienen influencia en los mecanismos emocionales asociados a la memoria.

competitividad emocional (Insel, 2010; Adolphs, 2010; Zambrano, 2012).

En períodos de *stress*, el axis APH es también fundamental, pues el CRH puede inhibir la secreción de hormonas gonadotrópicas, y los glucocorticoides hacer lo propio con las hormonas femeninas, tanto en sus modalidades neurohipofisiarias como con la baja producción de LH y la variación en la expresión de estrógenos y progesterona a nivel gonadal (Chorusos et al, 1998), afectando las funciones cognitivas y modificando la conducta emocional a nivel pre-óptico hipotalámico (Carilo-Martinez et al, 2011), y también en el procesamiento de recuperación de sistemas de memoria (Krugers & Hoogenraad, 2009).

La lactancia exitosa depende del reflejo de eyección mamaria, mediado por oxitocina, y las adaptaciones neuroendócrinas del axis APH a nivel gonadal, además, por supuesto, de la inhibición del FIP (factor inhibidor de prolactina), en donde estriba la secreción de leche materna. Esta triple interacción obedece, en gran parte, a la acción de CRH y los mecanismos moduladores de glucocorticoides a nivel sistémico, vinculados con *stress*. Durante el mismo, disminuyen los niveles de CRH, alterando las tareas de lactancia dependientes de reactividad adrenal, y produciendo cambios emocionales como la agresividad (Thoman *et al*, 1970) y una interacción sinérgica entre estas tres hormonas (Yayou et al, 2011).

> Es sistema Adrenal – Pituitario-Hipotalámico, es el áxis rector del funcionamiento hormonal ligado a la recuperación de archivos memorablemente emocionales.

La participación de ACTH y de oxitocina, junto a su nonapéptido gemelo, la Hormona AntiDiurética (HAD), en ciertas emociones, pueden dejarnos claro que las hormonas son tremendamente influyentes en los conceptos de filiación afectiva y lazos emocionales memorables (Insel et al, 2011). Es más, durante el embarazo y el post-parto, la relación oxitocina-prolactina desencadena cambios emocionales y neuroendocrinos que pueden ser recordados, a corto y largo plazo, como parte de memorias episódicas y de trabajo (Carter *et al*, 2001), que han sido descritas con gran relevancia genética en diversos protocolos experimentales donde se estudia el autismo o incluso, comportamientos emocionales altruistas (Israel et al, 2008) y una determinación genética puntual de la oxitocina en influyentes tareas de alta cognición social (Skuse et al, 2014)

Tales emociones, dependiendo del grado del impacto -en la madre que amamanta y en el entorno-, pueden ser archivadas o no, y someterse posteriormente a procesos de recuperación propios de la memoria episódica.

Trascendentalmente, los científicos han encontrado mecanismos de liberación de oxitocina, no sólo en tracto neurohipofisiario, sino también en hipocampo y, muy especialmente, en área septal (Neuman & Landgraf, 1989), lo que concuerda con la importancia de la participación de oxitocina en la generación de comportamientos afectivos y

> ADH y Oxitocina, son péptidos de alta influencia en el comportamiento emocional y en términos de cognición social comunitaria.

sensaciones altamente placenteras, incluso para ambos sexos, ya que hay evidencias de que esta hormona de la hipófisis posterior también está presente en el género masculino (Monks *et al*, 2003), pues experimentos en roedores mutantes han demostrado su implicación en el reconocimiento social de sus parejas y en hembras, afectando el aprendizaje espacial, generando sistemas de memoria olfativa que se adquieren mayormente en la corteza entorrinal y se procesan en la amígdala medial (Ferguson *et al*, 2001, Insel, 2011), lo que confirman que ciertos procesos de recuperación emocional se llevan a cabo mediante el almacenamiento, del que se sabe necesita también del concurso amigdalino.

> La oxitocina, ayuda a recordar, incluso en el género masculino, sensaciones placenteras.

Los estudios en este campo de la memoria predominantemente afectiva se han limitado, a correlatos fisiológicos, basados principalmente en las concentraciones plasmáticas de las sustancias moduladoras que viajan a través de vasos sanguíneos o por vía puramente nerviosa en RMf (Febo & Ferris, 2014), pero también a avances genéticos identificando las bases moleculares de HAD y Oxitocina (Israel et al, 2008; Skuse et al, 2014). Sin embargo, con el apoyo de *test* neurocognitivos y la utilización de los recursos actuales de la neuroimagen es posible determinar si las hormonas adenohipofisiarias, más que las de la hipófisis posterior (HAD y Oxitocina), y sus dispositivos de retroalimentación sistémica, influyen en la consolidación y recuperación selectiva de la memoria, además de su gran importancia en los estados afectivos del cerebro social en relación con la amígdala (Adolphs, 2010; Stanley & Adolphs, 2013, Freeman et al, 2014) y su relevancia en el comportamiento socioemocional del individuo, modulando la capacidad de almacenamiento de datos memorables episódicos asociados a eventos de impacto emocional con participación de neurohormonas (Zambrano, 2012).

47.2 LAS EMOCIONES Y LOS CONDICIONAMIENTOS

Ya se ha descrito ampliamente que los reflejos condicionados tienen respuestas vagales, como en el célebre caso de los caninos pavlovianos, lo que demuestra la disposición de procesos cognitivo-emocionales que suelen ser archivados, consolidados y aprendidos previamente (Gallagher M & Holland P, 1994; Goosens *et al*, 2003; Ostroff, 2014). Existen condicionamientos que son básicamente modelos de investigación para demostrar la importancia de las estructuras amigdalinas en los procesos afectivos y sus asociaciones con los diferentes mecanismos de memoria (Rogan MT *et al*, 1997). Esto se debe a que los condicionamientos aversivos, o en general conductistas, generan emociones que se relacionan con mecanismos afectivos, que son parte obligatoria de los sistemas de memoria desplegados en diversas extensiones cerebrales (Vazdarjanova & Mc Gaugh, 1998).

> Con mecanismos como la habituación, podemos comprender el archivo de las emociones.

Por ejemplo, en el caso del miedo, el hecho de generar emociones contraproducentes es importante para la liberación de neurotransmisores, y para mantener el buen nivel de adrenalina que garantiza una función cerebral vinculada con un óptimo estado de alerta y los procesos de almacenamiento emocional (Mc Kernan & Shinnick-Gallagher, 1997; Le Doux, 2003). Por tanto, "no tener miedo", tendría implicaciones relativamente negativas, al traducirse en bajos niveles de adrenalina circulante.

> ¿ En que sistema de memoria, se archiva el miedo ?

Uno de los aspectos idóneos para relacionar los estados afectivos con la memoria son los modelos que se investigan concernientes al sentimiento del miedo (Davis M, 1992; Pitkänen A *et al*, 1997; Le Doux, 2003). Esta idea subjetiva es seleccionada por su gran importancia en la neurobiología conductual, su indiscutible relevancia comunitaria, y la relación intrínseca de los seres con procesamiento encefálico superior, por el concepto de territorialidad. Un animal, al ser invadida su área, actúa inmediatamente para preservar su supervivencia; el hombre, en su carácter de animal humano, reacciona principalmente cuando es activada la sensación emocional que genera inseguridad y mecanismos de respuesta, en ocasiones desconocida para la razón. Es más, el condicionamiento del miedo es una muy eficiente forma de aprendizaje (Gallagher & Holland, 1994; Armony & Le Doux ,1997), incluso asociada a memoria de trabajo (Carter et al, 2003).

El miedo es recuperado a través de la memoria episódica, que presenta arraigos evidenciados electrofisiológicamente a nivel neuronal con mecanismos sinápticos de potenciación a largo plazo (Mc Kernan & Shinnick-Gallagher, 1997), incluyendo su participación en la recaptura de aminoácidos excitatorios que, se sabe, tienen un papel determinante en los eventos moleculares del aprendizaje y la memoria (Tsvetkov *et al*, 2004).

Los modelos de condicionamiento aversivo se han experimentado con olores (Tovar-Díaz et al, 2011); y también en vía acústica, incluso de manera biofísica, donde se incluyen canales activados por *ligandos* como NMDA y una contrapropuesta inhibitoria GABA, además de canales de Na^+ y K^+, que garantizan un intercambio iónico con modelos de apertura y cierre de canal único. La importancia del anterior planteamiento ayuda a establecer la posibilidad de entender los mecanismos de aprendizaje que hay en los eventos del miedo desde una óptica celular (Armony & Le Doux, 1997). Un ejemplo más sistémico fue diseñado para demostrar que el condicionamiento previo, con variedades tonales específicas, podía desencadenar respuestas adrenérgicas en animales, tales como el incremento de la presión arterial y el latido cardiaco, hasta quedar inmóviles y

El condicionamiento del miedo, es un modelo de investigación útil para entender los mecanismos de la memoria.

temblorosos (*freezing*) ante determinado impacto sonoro por lapsos prolongados. Lo primero que demostraron Jorge Armony, del Instituto de Neurociencias Cognitivas de la Universidad de Londres, y Joseph Ledoux, de la Universidad de Nueva York, fue la importancia del Núcleo Geniculado Medial (NGM) en los condicionamientos del miedo. No obstante, establecer el puente entre NGM y amígdala fue un poco más complejo; ubicando dos vías paralelas: una de proyección directa y la otra relacionada con el núcleo intralaminar posterior talámico. Para evidenciarlo, lesionaron el importante cúmulo de neuronas en el tálamo, encargado del procesamiento sonoro hacia corteza auditiva y sus vías aferentes, concluyendo que el sitio de interacción entre la vía tálamo-cortical auditiva y la amígdala se encuentra específicamente en el llamado núcleo lateral amigdalino (NLA), que recibe también aferentes de la corteza peririnal (Romansky & Ledoux, 1992).

> Los Núcleos Amigdalinos son importantes estructuras en el proceso de la memoria emocional.

La amígdala también cuenta con otros núcleos, como el Basal y su accesorio, que tienen comunicación con el núcleo central, encargado de las respuestas emocionales más notorias, como *stress* por miedo y su consecuente liberación de hormonas, activación simpática y control parasimpático; los cuales potencian reflejos, traducidos eventualmente como PMAF, vinculados con núcleos protuberanciales reticulares como el *Nucleus Reticularis Pontis Caudalis*.

Del Olvido al No Me Acuerdo

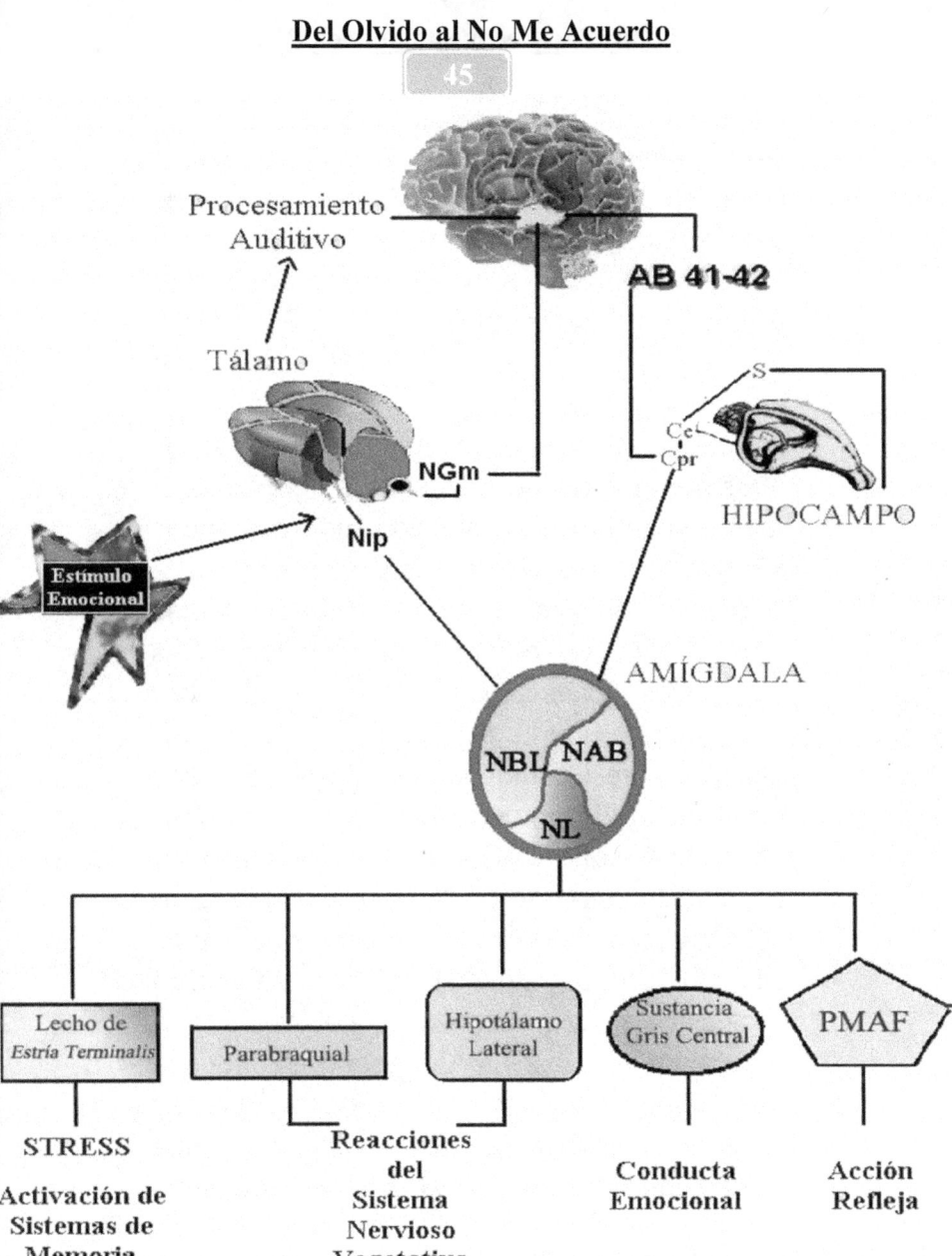

Fig. 14.6 **Circuito del condicionamiento del miedo.** El *input* sensorial del oído viaja por vías acústicas a Núcleo Geniculado Medial (NGM) talámico y luego a cortezas auditiva primaria (AB 41) y asociativa (AB 42). Las fibras hipocampales deben conectarse a a hipocampo, a través del subículo (S) o del área entorrinal (ce) y luego a núcleos amigdalinos basolateral (NBL), Accesorio Basal (NAB) y Lateral (NL) principalmente. Debido al *stress* se activan sistemas de memoria, respuestas neurovegetativas e incluso patrones motores de acción fija (PMAF) para responder emocionalmente al estímulo. A partir de Armony &Ledoux, 1997.

Los Tipos de Respuesta ante el Miedo

> Dentro de un ámbito premotor muy primitivo, los controladores cognitivos cerebrales, no inhiben el disparo de los patrones motores de acción fija, en caso de descargas emocionales intensas.

Como ya se ha dicho, los denominados Patrones de Acción Fija (PMAF) son propios de un pensamiento premotor e instintivo, que puede estar asociado a la memoria emocional, gracias a su componente primitivo. El ideólogo del empirismo británico, David Hume, no se equivoca al aseverar que las emociones esclavizan la racionalidad, al igual que muchos otros autores que se refieren a la pérdida de la razón cuando está mediada por comandos afectivos. El abogado Lombroso[1], el penalista Beccaria[2], el concienzudo William James vislumbrando los reflejos innatos emocionales que fluyen holísticamente con la conciencia, son parte de una larga lista. No hay duda, los patrones pre-ejecutorios de acción fija son parte de los instintos, y conducen a castigos severos. Aunque el sistema tálamo-cortical es el condicionante de la conciencia cognitiva, el sustrato de la memoria emocional de este capítulo parece apuntar a que la razón evoluciona de estados afectivos que desencadenan los PMAF, especialmente los que pueden estar vinculados con impresiones olfatorias ligados a memorias primitivas emocionales o amigdalinas, u otras estructuras

---

[1] Lombroso Cesar. *Uomo Delinquente, studiato in rapporto all'antropología alla medicina legale e alle disciplina carcelaria* (1ª. Edizione, 1876) Milano-Hoepi. En: Lombroso C. (1887) *L'homme criminel.* F. Alcan. París. *CIT. En:* Lombroso de Ferrero Gina, *"Vita di Lombroso"*.Ed. Criminalia. Mex. (1940).

[2] *Dei delliti e della pena.* Cesare Bonesanna, Marqués de Beccaria. De los delitos y de la pena. Editorial Temis. Santa Fe de Bogotá – Col. (1990).

parahipocampales que responden a activaciones neuroquímicas.

En la serena entidad de la neurobiología del dolor se sabe que las redes neuronales del cíngulo se activan en patologías intratables (Casey, 1999). Recordemos que la CCA está relacionada con procesos cognitivo-emocionales (Simpson *et al*, 2001), así como se discute en el módulo 56 sobre la importancia del procesamiento nociceptivo para la estructuración de la conciencia. Puesto que el dolor es un síntoma subjetivo, particularmente en su intensidad, se puede pensar que el malestar que produce el dolor es un estado emocional generado por el cerebro (Craig, 2003) o un tipo de cerebro que siente y que opera para él, como una forma de conciencia "sentiente" (Craig, 2010). El ejemplo de un estado de ánimo que produce síntomas generalizados o locales psicosomáticos, como la ansiedad y la creciente consulta por trastornos que simulan infarto agudo al miocardio, también es un modelo de activación del cíngulo, otorgado por el carácter emocional que el individuo imprime de manera subjetiva a cada nuevo indicio de manifestación pseudo-álgica. En ese caso, es el dualismo mente-cerebro el que, inobjetablemente, produce el dolor.

> Los sistemas de memoria episódica, son los encargados de archivar las sensaciones dolorosas, también ligadas sensiblemente al procesamiento que se sigue para archivar específicas emociones.

Los estudios de gabinete han sido muy útiles para analizar la viabilidad de los modelos de condicionamiento de miedo existentes entre pacientes normales e individuos con patología psiquiátrica (Andreasen, 2002). Un estudio de RMNf realizado en humanos demuestra que los condicionamientos de miedo, tras estrategias que consisten en adquisición de temores y extinción de los mismos, son procesados en redes neuronales que implican mayormente los núcleos amigdalinos (La Bar *et al*, 1998); y en general se sabe que todos los mecanismos moleculares del miedo, se relacionan esencialmente con la amígdala (Johansen et al, 2011).

> Las asociaciones de emociones subjetivas, son almacenadas en sistemas de memoria, implementando actividad neuro transmiosra.

En otro tipo de modelo para entender el miedo, éste se ha estudiado bajo un enfoque sensorial visual. Empero, llama la atención que no sólo estas emociones que asustan liberan aminas biogénicas y otro tipo de hormonas. Existen interesantes correlatos bioquímicos, así como apoyados en neuroimagen, que relacionan los afectos, las emociones y la memoria (Dolan *et al*, 1997; Zeki & Bartels, 2000). De forma interesante, tales correlatos constituyen serios paradigmas de estudio, sobretodo en la integración emocional de las sensaciones subjetivas; no solo a nivel conciente dentro de los parámetros normales del individuo, sino también en la experimentación de sensaciones que se generan en los estados alterados de la conciencia, que se discuten a detalle en la parte V de esta *Summa Neurobiológica*, "Niveles de Conciencia y Cognición" (ver índice).

47.2.1 CORRELATO BIOQUÍMICO Y NEUROIMAGENOLÓGICO DE LOS SENTIMIENTOS HIPERAFECTIVOS.

Otro de los aspectos importantes entre la relación de las hormonas adrenales y la emoción es, sin duda, la teoría que relaciona la feniletanolamina con los afectos dependientes a largo plazo que limitan la ingesta de alimentos, trastornan el sueño y modifican la conducta, ya sea por mecanismos afectivos-emocionales, o traducida por la dependencia a un ser querido, con estimación subjetiva, lo que Andreas Bartels y Semir Zeki, del notable Departamento de Neurología Cognitiva de la Universidad de Londres, han evidenciado de cierta manera en imágenes por TEP y publicado como «las bases neurales del amor romántico» (Bartels & Zeki, 2000).

La hipótesis de los estados de ánimo relacionados con la hipersensibilidad afectiva hacia un ser querido y la memoria emocional se sustentan en una enzima intermediaria del metabolismo de las aminas simpaticomiméticas, la feniletanolamina N-metiltransferasa (FeaNMT), que podría estar coligada a los corticoesteroides. (Jeong *et al*, 2000), así como a mecanismos de miedo (Toth et al, 2013).

> Los estados de ánimo que expresan hiper sensibilidad afectiva, se asocian a catecolaminas.

Dentro de los eventos biosintéticos de la adrenalina, que se discuten ampliamente en el libro de sinapsis trabajando (Libro 8, de esta *Summa Neurobiológica*), uno de sus pasos finales -entre NA y Epinefrina- es catalizado por la FeaNMT, cuya actividad es regulada por los corticosteroides que estimulan la médula adrenal en células cromafines (Connet RJ & Kirschner, 1970). La administración de grandes cantidades de estos esteroides conlleva a la síntesis de FeaNMT en las neuronas simpáticas, e inversamente una lesión hipofisiaria disminuirá en forma considerable los niveles de la mencionada enzima. Por distribución netamente catecolaminérgica, las aminas biogénicas se encuentran frecuentemente en baja densidad en el espacio citosólico, donde siguen la vía MAO- L-Dopa, hasta la β-hidroxilación dependiente de ATP, que es útil hasta para los mecanismos de recaptura (Baetge *et al*, 1986).

> El sustrato químico que sustenta la atracción afectiva entre la naturaleza humana, está asociado con precursores biosintéticos de la adrenalina.

En este aspecto, los investigadores han trabajado con ingeniería genética y neurobioquímica, demostrando actividad sinérgica de expresión genética especifica del complejo Egr-1, AP-2, en receptores glucocorticoides (Wong *et al*, 1998), lo que indica que podría existir una relación entre la producción de FeaNMT y la categorización de ciertas emociones afectivas mediadas por hormonas dependiente del Axis HPA (ver Figura, 14.4).

Del Olvido al No Me Acuerdo

En otras palabras, esto sustentaría y explicaría por qué algunos individuos refieren tener mayor calidad de sentimientos hacia otras personas que los demás, evidenciado en sus mismos patrones comportamentales, mediados mayormente por hormonas adrenales en las que se encuentra sintetizada la feniletanolamina.

Es probable que durante estos estados de hiperafectividad, en los que existen trastornos del sueño y desórdenes en los mecanismos hipotalámicos del hambre y la sed, aparezcan eventuales incrementos de esta enzima en algunos de sus núcleos neuronales, además de que, según los correlatos de neuroimagen, también hay zonas de alta densidad dopaminérgica, que se encienden durante la estrategia experimental de activación, como el caudado, el putamen y la CCA, área 32 y 34 de *Brodmann*. De manera interesante, el hipocampo posterior y la ínsula anterior tienen un cúmulo de neurotransmisores, entre los que destacan principalmente la síntesis de aminas biogénicas del orden de la noradrenalina y, aún más coincidencialmente, la CCA tiene una vecindad con los núcleos septales, que se vinculan con las sensaciones altamente placenteras (ver índice, *Sex-cualidad y cerebro*). En consecuencia, entre los 17 sujetos a los que fueron mostradas las fotos de sus enamorados en una fase de este experimento, se halló actividad preeminente del núcleo lenticular y de

> Cuando los precursores etanólicos de la adrenalina están elevados, hay modificaciones neuro vegetativas, como trastornos del sueño y ausencia de hambre.

áreas estriatales cercanas a la ínsula anterior, ricas en síntesis de dopamina y productos intermediarios como la Feniletanolamina, así como en la CCA y zonas estriatales, que han sido vinculadas con los procesamientos de la imagen mental, el procesamiento espacial y los movimientos motores voluntarios.

Resulta curioso observar que, durante el experimento de Zeki & Bartels, se producen dos fenómenos de deactivación. El primero, representado por el metabolismo evidente en área cortical, donde la manifestación es preponderante en la definición de los afectos. Esto implica que, al reconocer la diferencia entre amistad afectiva más intensa o de profunda hiperafectividad y la simple amistad de antaño, hay activación de CPF derecha, asociada al hemisferio no dominante, y giro temporal medial, donde se encuentra actividad hipocampal y límbica, además de la corteza parietal para las amistades ligadas a memoria episódica sin carga afectiva significativa, como parte de esta deactivación.

> La hiper afectividad emocional hacia un objetivo, se asocia con actividad amigdalina.

Con respecto de estructuras más internas, el análisis de la corteza cingulada posterior parece corresponder con los trabajos de R.J. Maddock, en los que se cita que esta región es activada para rostros altamente familiares, o vinculados con anécdotas afectivas autobiográficas. En tanto, la amígdala se asocia con sensaciones emocionales que también han sido vinculadas con sentimientos de felicidad o memorias agradables (Lane *et al*, 1997).

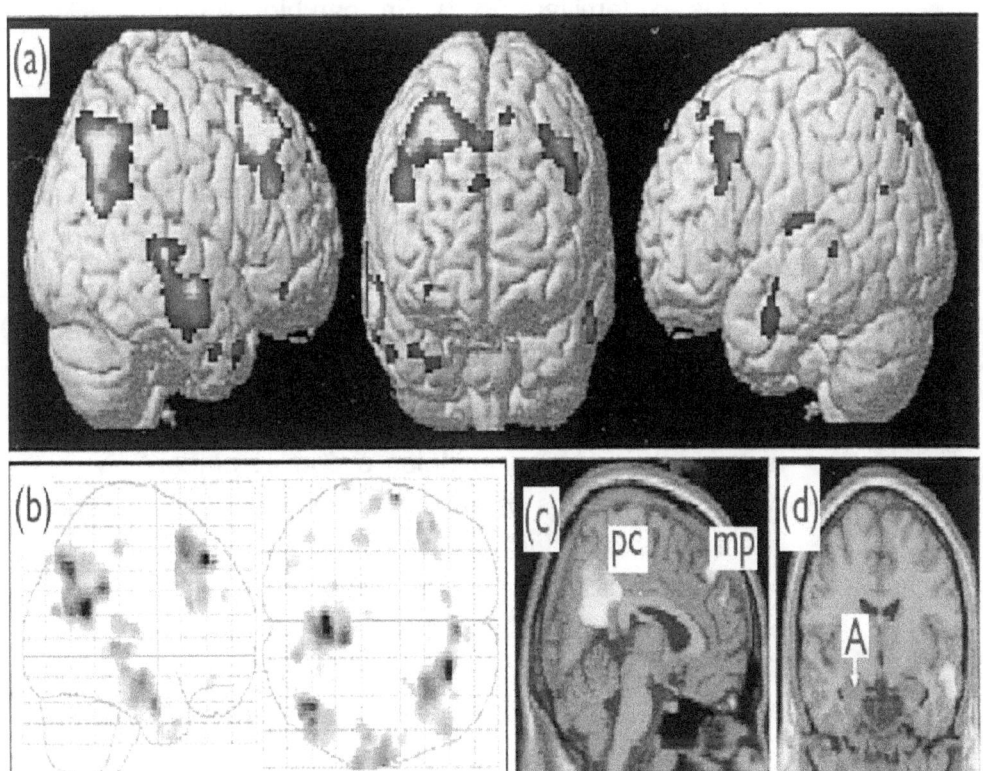

Fig 14.7. Estudios de neuroimagen evidenciando estructuras cerebrales implicadas en la deactivación de lo que los autores llamaron *"bases neurales del amor romántico"* (ver Texto) Abrev. **mp** (corteza prefrontal medial, **pc** (corteza cingulada posterior) **A**, (flecha) amígdala izquierda. (A partir de Bartels & Zeki, 2000).

Lo anterior contrasta con la relación directa que se tiene con la CCA y el dolor.

En tanto, el experimento de Zeki y Bartels muestra dos interesantes acepciones. 1) la corteza cingulada posterior (CCP) procesa

> La corteza cingulada anterior, tiene funciones netamente afectivas, pero recibe inputs de peso sináptico cognitivo en interacción con la CPF.

la asociación autobiográfica que relaciona caras conocidas sin que exista mucho afecto de por medio (esto es incluso reconocer amigos o familiares). 2) En cambio, en un segundo aspecto, evaluando rostros memorables cuyo peso afectivo era más intenso (rostros de quienes los individuos en estudio, relataban haber estado profundamente enamorados), se presentó mayor actividad de CCA. Esto, poéticamente, podría vincularse con los hallazgos de Semir Zeki, donde podría existir la probabilidad subjetiva, dado que la intensidad del dolor es igualmente subjetiva, que relacionaría estos singulares casos de hiperafectividad con el dolor o con el placer, puesto que ambos estados emocionales tienen bastante similitud en su correlación neuroanatómica, incluso asociando las propuestas de Bud Craig, donde se postula a la corteza insular posterior, como una gran estructura procesadora del dolor subjetivo (Craig, 2010).

Un estudio posterior, realizado por el mismo grupo y con muy similar estrategia experimental, demuestra que en otro tipo de hiperafectividad, con lazos más protectivos que sexuales, como el existente entre madre e hijo, las zonas que se activan corresponden a sistemas de retribución predominantemente hormonal, que coinciden con áreas altamente densas en receptores a los nonapéptidos neurohipofisiarios oxitocina y vasopresina, lo que comprueba la trascendencia de una parte de la memoria afectiva en su dependencia glandular (Bartels & Zeki, 2004).

Llama la atención el correlato de la actividad de la amígdala izquierda que se observa en la figura 14.7, con los experimentos que concluyen que el sexo masculino en situaciones de interés emotivo, utiliza su amígdala derecha para procesar información central, mientras que el sexo femenino utiliza la amígdala izquierda para archivar los detalles de la información periférica. Resultados asociados por supuesto, con las diferencias relacionadas respecto al género sexual y la función amigdalina, cuando se trata de reconocer rostros o expresar reactividad a las expresiones faciales emocionales (Cahill, 2003, 2010).

> En el procesamiento afectivo con implicaciones sexuales, las neuronas presentes en la amígdala incrementan sus patrones de disparo en ambos sexos.

Estos reportes sólo ayudan a concordar las ideas de que, en efecto, los estados afectivos pueden tener base en los mecanismos de consolidación y recuperación selectiva de la memoria, y que éstos dependen muy probablemente de la interacción de neuroquímicos o de hormonas que se asocian a estructuras mayormente límbicas, como la corteza cingulada, la amígdala, el hipocampo y las neurovasculares conexiones hipotalámicas.

Módulo 48

LAS EMOCIONES: SE ARCHIVAN? O SE DESCARTAN...

Los acontecimientos selectivos propios de los sistemas mnésicos, en particular aquellos asociados a memorias de corto plazo, son evidentes en las memorias de trabajo y espacial (Funahashi et al, 1989, 2011, Baddeley, 2012). En otros términos, el cerebro está preparado para decantar o almacenar la información que considere importante para ser archivada y, de la misma forma, existiría un mecanismo idóneo que le permite seleccionar los procesos de recuperación de la memoria para evocar recuerdos específicos, emocionales, afectivos, o simplemente operativos.

> La memoria de trabajo, es un paradigma para entender potencialmente los mecanismos del "olvido"

Dentro de los sistemas de memoria es controversial la existencia de un patrón que vincule la memoria a corto plazo con el archivo definitivo de algunos afectos, puesto que, como hemos visto, las emociones suelen responder mayormente a condicionamientos relacionados con memorias implícitas; sin embargo, algunos tipos de eventos afectivos pueden asociarse con memorias episódicas. Recordar, por ejemplo, cómo se aprendió a leer, es parte de la memoria explícita; así como evocar su entorno requiere de ciertas tareas de selectividad atentiva en el mero intento de rememorarlo. Lo interesante de los acontecimientos atentivos y las memorias relacionales es la categorización subjetiva que puede dar el cerebro a algunos eventos, lo que se traduce como la sujeción cualitativa de la memoria a los procesos que se ligan al curso temporal del olvido, que se lleva a cabo entre la amígdala basolateral y la CPF medial, dependiente de la acción glucocorticoide (Roozendaal *et al*, 2004; Hauer et al, 2013; Schonfeld et al, 2014). Estos eventos podrían ser, entonces, explicados desde la óptica de los mecanismos de depresión a largo plazo (LTD), que se generan en el hipocampo, especialmente en giro dentado y células CA1, y también en el cerebelo (Hawkes et al, 2014), donde los investigadores trabajan involucrando a los receptores a glucocorticoides (RG) y al receptor mineralcorticoide (Pavlides & Mc Ewen, 1999).

> En los procesos de olvido, las hormonas del axis adrenal-pituitario – hipofisiario modifican el desempeño de los sistemas de la memoria de trabajo.

Los esteroides sexuales modifican la memoria de trabajo (Janowsky *et al*, 2000). Hemos visto como el *axis* APH, que incluye la trascendente acción de CRH, tiene influencia en mecanismos de recuperación mnésica. Se ha evidenciado que la falta de precursores androgénicos, aún más cuando hay deficiencia congénita, caracterizada en conocidos síndromes clínicos, influye en las tareas de memoria espacial y desarrollo cognitivo verbal (Cappa *et al*, 1998). Estudios básicos vinculan hormonas esteroideas masculinas con los procesos de memoria de trabajo, modulando la acción de los factores de crecimiento nervioso del tipo NGF (Bimonte-Nelson *et al*, 2003). Este vínculo entre las neurotrofinas y las hormonas abre una probabilidad experimental de conectar los procesos de memoria a corto plazo con receptores TRK, o con fenómenos de plasticidad, en los que el fortalecimiento sináptico se asocia a neurogénesis, como fue previamente discutido en el texto de esta serie de memoria (Zambrano, 2014 c).

> Algunas moléculas como neuro trofinas y gluco corticoides, están involucradas en los mecanismos de consolidación de la memoria.

El procesamiento visuo-espacial puede ser archivado como memoria de trabajo; sin embargo, de la cualidad emotiva depende el procesamiento cognitivo y su consecuente almacenamiento para convertirlo en parte de una memoria semántica de carácter episódico (*vide supra*). Siguiendo con el ejemplo del archivo, cuando se aprende a leer, esto tiene connotaciones emocionales, como cuando vemos determinado libro o un evento nos recuerda y nos sitúa en el momento exacto en que se estudiaron las tablas de multiplicar. Probablemente entonces el problema deja de ser atentivo y define un patrón más emocional que cognitivo. No obstante, tal y como se definió en el capítulo anterior, el hecho de sumar datos a un sistema, acumular cifras, realizar despejes de ecuaciones o jugar ajedrez, u otro modelo de acopio de datos por un período corto donde se requiere de prontitud y eficiencia atencional, son la característica principal de la memoria de trabajo.

48.1 ¿CÓMO HACE EL CEREBRO PARA DISTINGUIR LO QUE DEBE ARCHIVAR O NO?

Se ha visto que la memoria de trabajo tiene sus sustratos neurales principalmente en la CPF y la CCA (Goldman-Rakic, 1995), lo que sugeriría que el procesamiento espacial depende de funciones prefrontales, pero el almacenamiento de estos planos espaciales podría ser hipocampal (Allen et al, 2014) y también cerebelar (Marvel & Desmond, 2012)

Los trabajos acerca de los mecanismos de consolidación de memoria por diferentes grupos de trabajo han sido previamente establecidos en esta *Summa Neurobiológica,* (Zambrano 2014 c; 2014 d), donde el punto de discusión central, versa en que la memoria relacional sea considerada como el pivote de consolidación operado fundamentalmente por redes neuronales del hipocampo. Entre ellos encontramos diversas posiciones contemporáneas, como las asociadas al esquema de trascendencia hipocampal (Tse, 2007) y las clásicas de Erik Kandel (Kandel et al, 2014) y Larry Squire (Squire er al, 2012). Hay, igualmente, evidencias que sugieren que un conglomerado de células puede referir una ubicación especial de un recuerdo, y esas respuestas, estudiadas en neuronas hipocampales, son algunas veces determinadas por factores no espaciales. A nivel experimental se ha elucubrado el mapeo de la función hipocampal, mediante el modelo

> Existen varios paradigmas que estudian los procesos de consolidación de la memoria.

de una rata que huele dos sustancias diferentes, planeando que una discriminación olfativa fuera agradable, y que en la otra fuera rechazada. Luego, se le produjo una lesión en el hipocampo y el sujeto de estudio fue incapaz de ubicar el espacio exacto en el cual podía reconocer su aroma favorito (Eichenbaum *et al*, 1989; Cohen & Einchenbaum, 1991). Incluso, más recientemente, elegantes experimentos en este campo, confirman la relación de los circuitos y oscilaciones neuronales entre odores y redes hipocampales (Buzsáki & Moer, 2013).

> La corteza prefrontal ventromedial procesa información más emocional que cognitiva

El correlato entre la memoria espacial y las emociones es precisamente el tipo de almacenamiento que depende de la intensidad del estímulo para ser procesado de manera idónea por redes que incluyen la porción ventromedial de la corteza prefrontal (CPFVM), la Corteza Cingulada Anterior (CCA) y áreas adyacentes, donde se hallan los vínculos de integración emocionales (Bush, *et al*, 2000; Luu & Posner, 2003).

El área encargada de transformar las emociones y concretarlas intelectualmente es la Corteza PreFrontal Dorso-Medial (CPFDM), que se responsabiliza de procesar la parte cognitiva de las emociones (Simpson *et al*, 2001).

En el proceso de consolidación y archivo de las emociones y los afectos y, esencialmente en los estados de ánimo, existe -como se ha venido discutiendo- una imprescindible participación de los neurotransmisores, que interactúan a nivel sináptico en mecanismos de liberación y recaptura, con gran trascendencia en el tráfico químico interneuronal. De esta manera, podría elucubrarse, que gracias al conflicto cognitivo emocional que existe entre CPF y CCA, se dieran los "cortos circuitos" y mecanismos de interferencia entre redes neuronales que junto a mecanismos atencionales (Zambrano, 2012), sustenten los fundamentos celulares y moleculares del olvido (Figura 14.8).

El lóbulo frontal tiene gran concentración de dopamina en los circuitos neuronales implicados en procesos cognitivos, e interactúa con sistemas de neurotransmisores colinérgicos y otros, como GABA y Glutamato, los cuales tienen influencias moduladoras en el patrón de disparo de las células piramidales de la corteza prefrontal ligadas a la memoria de trabajo. Los estudios fisiológicos son muy consistentes al indicar que la dopamina tiene acciones inhibitorias en las neuronas corticales prefrontales, modulando la excitabilidad de las células piramidales (Goldman–Rakic, 1995).

> La neuroquímica de las áreas implicadas en la emoción, es crucial para explicar los mecanismos de olvido en los sistemas de memoria emocional.

Existe una presumible localización de receptores a serotonina del tipo 5HT2 con receptores D4 dopaminérgicos en neuronas no piramidales de la CPF, lo que ofrece las bases de una acción sinérgica de estas monoaminas en la función cognitiva (Morilak *et al*, 1993). Este es un principio farmacológico que utiliza, como mecanismo de acción, un neuroléptico

Participación Neuroquímica en el Olvido

como la clozapina (de gran eficiencia en ciertos padecimientos psicóticos), con afinidad por estos receptores, lo que explica las alteraciones de procesamiento de la CPF en pacientes que ingieren este medicamento.

Los receptores D1 y las redes dopaminérgicas presentes en células piramidales de la corteza prefrontal (CPF), tienen una relación muy fuerte con los mecanismos de ejecución central, que asoci€an la atención con la memoria visuo-espacial y, obviamente, con estados emotivo-afectivos, que se traducen en respuestas comportamentales y conductuales, pudiendo ser o no independientes de interactuar con los fenómenos de archivo y consolidación de los sistemas de memoria.

Las fallas de la memoria que finalmente se traducen en olvidos temporales, y que por supuesto pueden ser definitivamente borrados de la memoria, son fenómenos que resultan familiares para todos. Pese a los muchos esfuerzos científicos por estudiar las raíces, o fundamentar explicaciones del olvido, los científicos desarrollan modelos moleculares para poder entender qué es lo que sucede cuando no podemos recordar un dato exacto, y se desconoce profundamente, todo lo relacionado a los mecanismos de los "olvidos momentáneos" y que luego por asociación podemos recordar claramente o simplemente vienen a la memoria, como si el cerebro fuera capaz de develar u ocultar tales misterios.

> En el curso temporal del procesamiento de la memoria y el olvido, los factores moleculares que predeterminan la actividad neuronal, influyen para que un dato sea archivado correctamente.

Del Olvido al No Me Acuerdo

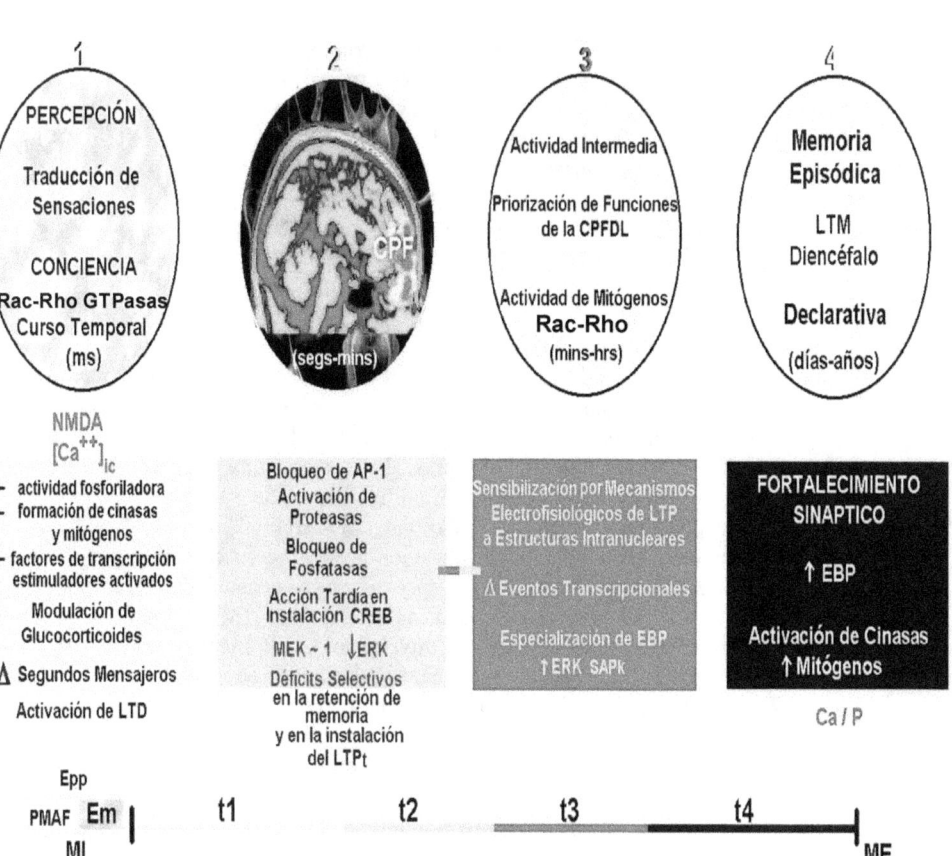

Fig. 14.8 Dinámicas eventuales y moleculares en el procesamiento del olvido y la memoria. Así como en la memoria existe la participación molecular asociada a mitógenos y actividad electrofisiológica, el olvido tendría mecanismos semejantes. Partiendo de los sistemas de memoria en cursos temporales (t1, t2, t3, t4), durante la memoria inmediata **(1)**, existiría eventualmente el procesamiento perceptivo, la instalación de epifenómenos concienciales que traducirían las sensaciones provenientes del entorno, mediadas en milisegundos (ms). Si no se instala debidamente la maquinaria molecular y la actividad tipo LTD-LTP, seguramente generará mecanismos de olvido en fases posteriores existentes entre la memoria a corto y largo plazo, donde los glucocorticoides juegan un papel fundamental en los procesos emocionales (Em), que son parte de situaciones periperceptuales (Epp) caracterizadas en la Memoria Implícita

(MI). A partir de la activación de neuronas piramidales en corteza prefrontal (CPF) se generan los procesos de la memoria de trabajo **(2)**. Es probable que MEK 1 en su interacción con ERK, modifique las capacidades de archivo y consolidación de la memoria en ausencia de proteínas asociadas a stress, obstruyendo la instalación del LTPt (Zambrano, 2014 c). La priorización mecánica de ciertos datos para ser archivados, identifica a la memoria intermedia **(3)** asociada a funciones de alto orden cognitivo en la CPFDL. Allí se requiere de actividad mitógena, y tal consolidación constituye el proceso donde el dato, potencialmente memorable, simplemente puede tornarse intrascendente, en un proceso que tardaría entre minutos y horas, como parte de la memoria a corto plazo (barra temporal inferior). En esta fase, la especialización de la proteína fijadora de genes tempranos (EBP) ejerce una sinergia positiva ante la obvia modificación de eventos transcripcionales, que garantizarían el archivo de la información, incluyendo la señalización por Cinasas Activadas por Stress (SAPk /90, y SAPk 3~4) y las cascadas asociadas a ERK. En la memoria episódica o Explícita (ME), los mecanismos electrofisiológicos y moleculares de la memoria a largo plazo, finalmente han sido instalados en Lóbulo Temporal Medial (LTM) y diencéfalo **(4)**, con el apoyo del importante influjo de calcio en su mediación como segundo mensajero y por supuesto con la participación del fósforo ejecutando su encargo fosforilador (Ca/p), constituyéndose como los responsables iónicos en la generación de tan importantes procesos neurocognitivos (A partir de Wixted, 2004; Berry & Davis, 2014; Zambrano, 2014 c, d).

> El control molecular para integrar los mecanismos del olvido, tienen en cuenta las dinámicas temporales del almacenamiento de la información.

Ya en este siglo, hay varios reportes y grupos de neurocientíficos que han investigado objetivamente en los mecanismos moleculares del olvido (Wixted, 2004; Dewar, 2007, Shuai et al, 2010; Kuhl et al, 2010, Berry & Davis, 2014).

La mayoría de trabajos en este campo, utilizan modelos ampliamente reconocidos en neurobiología molecular como la *Drosophila*, y ello ha servido para atribuir que una GTPasa como Rac —asociada al oncogén RAS y perteneciente a la superfamilia Rho (Didsbury et al, 1989) —, podría estar inmiscuida fuertemente en las dinámicas celulares que impiden la retención de datos específicos (Shuai et al, 2010). Recientemente se ha investigado en modelos apoptóticos de las moscas *Drosophila*, que siguen cursos de degradación lisosomal y modificaciones de protein-fosfatasas que potencialmente podrían marcar la pauta para protocolizar un estudio para distinguir mecanismos de olvido, siguiendo trazadores de degradación molecular y celular en bulbo olfatorio (Berry & Davis, 2014).

Los mecanismos neuroquímicos inmersos en esta red de estructuras parahipocampales tendrían implicaciones en la codificación de algunas funciones límbicas, que se manifiestan inicialmente por PMAF como parte de la respuesta a diversos estímulos, lo que fundamenta las bases para que las reacciones hormonales de tipo adrenal, desencadenen movimientos netamente frontalizados de SNC, dependiendo de la priorización selectiva de los archivos mnésicos vinculados con los procesos afectivo-emocionales.

> La degradación de moléculas específicas en la neuro-génesis podría explicar los mecanismos del olvido.

Así, de alguna manera, los procesos atentivos y, por tanto, aquellos relacionados con la memoria de trabajo, pueden ser afectados por la categorización de las emociones (Zambrano, 2012). Un cerebro con bajo índice de concentración en sus tareas, obviamente verá reflejados los resultados en una muy pobre capacidad de recuperación mnésica, puesto que desconoce los mecanismos que servirían eventualmente para su consolidación, facilitando de este modo la activación de los sustratos neuroquímicos del olvido, que se disparan cuando hay poca capacidad de concentración, como en los déficit de atención con hiperactividad, que últimamente se han asociado incluso con receptores dopaminérgicos, D5 (Manor *et al*, 2004).

Finalmente, los mecanismos de memoria emocional, dependen mayormente de hormonas y éstas, como vimos, se asocian a padecimientos donde la memoria juega un papel importante como los diversos tipos de amnesia, demencias y enfermedades neurodegenerativas en general (ver Módulos 46 y 47). En estos casos, los mecanismos de olvido estarían en una categoría definitiva de eliminación de datos e inevitablemente asociados a mecanismos moleculares de degradación, hipoxia y excitotoxicidad crónica. Mientras, de acuerdo a lo acotado, en términos transitorios y de la cotidianidad, los mecanismos de olvido temporal, podrían estar muy ligados a actividad molecular de GTPasas cinasas y fosfatasas en redes parahipocampales-límbico-corticales, teniendo mayor despliegue en actividad de interferencia donde exista conflicto cognitivo-emocional como en el complejo CPF-CCA (ver Figura 14.8).

> El carácter molecular más importante que se requiere para la integración de la memoria emocional, depende de la especialización neuronal y de su buen acoplamiento molecular: dos leyes fundamentales de la TEN.

EXCERPTA SUCINTA

- El procesamiento de la memoria emocional involucra mayormente a la amígdala en su interacción con reacciones vagales, así como también a las demás conexiones que tiene con otras estructuras límbicas.

- Existen patrones relacionados a hormonas adrenales liberadas en condiciones de *stress*, y también a neuroquímicos circulantes asociados a la reproducción sexual, que son fundamentales para el archivo y recuperación de algunas emociones.

- La intensidad de un estímulo, y su consecuente procesamiento emocional, tiene mucha relación con factores moleculares y electrofisiológicos. De ello dependen, su consolidación y sus mecanismos de olvido.

- La corteza cingulada anterior es fundamental para la integración cognitivo-emocional. La CPFVM está asociada con el procesamiento de las emociones, y su traducción cognitiva se lleva a cabo en la CPFDM.

- El procesamiento visuo-espacial es archivado como modalidad cognitiva de la memoria de trabajo. Una connotación emocional asociada a un evento visuoespacial puede ser almacenada mayor tiempo y ser parte de una memoria declarativa.

Bibliografía

Literatura FUNDAMENTAL y Sugerencias Bibliográficas.

Berry JA & Davis RL (2014). **Active forgetting of olfactory memories in Drosophila. Prog Brain Res. 208:39-62.**

Buzsáki G & Moser EI (2013). **Memory, navigation and theta rhythm in the hippocampal-entorhinal system. Nat Neurosci. 16(2):130-8.**

Cahill L (2010). Sex influences on brain and emotional memory: the burden of proof has shifted. Prog Brain Res. 186:29-40.

Ceccom J, Halley H, Daumas S & Lassalle JM (2014). **A specific role for hippocampal mossy fiber's zinc in rapid storage of emotional memories. Learn Mem. 21(5):287-97.**

Clem RL & Huganir RL (2013). Norepinephrine enhances a discrete form of long-term depression during fear memory storage. J Neurosci. 33(29):11825-32.

Craig AD (2010). The sentient self. Brain Struct Funct. 214(5-6):563-77.

Febo M & Ferris CF (2014). Oxytocin and vasopressin modulation of the neural correlates of motivation and emotion: results from functional MRI studies in awake rats. Brain Res. 2014 Jan 30.

Hauer D, Kaufmann I, Strewe C, Briegel I, Campolongo P & Schelling G (2013). The role of glucocorticoids, catecholamines and endocannabinoids in the development of traumatic memories and posttraumatic stress symptoms in survivors of critical illness. Neurobiol Learn Mem. 2013 Oct 11. pii: S1074-7427(13)00198-6. PubMed ID: 24125890.

Hermans EJ, Battaglia FP, Atsak P, de Voogd LD, Fernández G, Roozendaal B (2014). How the amygdala affects emotional memory by altering brain network properties. Neurobiol Learn Mem. 2014 Feb 28. PubMed ID: 24583373.

Insel TR (2010) **The challenge of translation in social neuroscience: a review of oxytocin, vasopressin, and affiliative behavior. Neuron. 65(6):768-79.**

Johansen JP, Cain CK, Ostroff LE & LeDoux JE (2011). Molecular mechanisms of fear learning and memory. Cell. 147(3):509-24.

Del Olvido al No Me Acuerdo

Joseph R (2011) Limbic System: Amygdala, HippocampusHypothalamus, Septal Nuclei, Cingulate, Emotion, Memory,Sexuality, Language, Dreams, Hallucinations, Unconscious Mind. University Press

Morales-Medina JC, Juarez I, Venancio-García E, Cabrera SN, Menard C, Yu W, Flores G, Mechawar N & Quirion R (2013). Impaired structural hippocampal plasticity is associated with emotional and memory deficits in the olfactory bulbectomized rat. Neuroscience. 236:233-43

Ostroff LE, Manzur MK, Cain CK, Ledoux JE (2014). Synapses lacking astrocyte appear in the amygdala during consolidation of pavlovian threat conditioning. J Comp Neurol. 522(9):2152-63.

Schönfeld P, Ackermann K & Schwabe L(2014). Remembering under stress: different roles of autonomic arousal and glucocorticoids in memory retrieval. Psychoneuroendocrinology. 39:249-56.

Skuse DH, Lori A, Cubells JF, Lee I, Conneely KN, Puura K, Lehtimäki T, Binder EB & Young LJ (2014). Common polymorphism in the oxytocin receptor gene (OXTR) is associated with human social recognition skills. Proc Natl Acad Sci U S A. 111(5):1987-92.

Stanley DA & Adolphs R (2013). Toward a neural basis for social behavior. Neuron. 80(3):816-26

Toth M, Ziegler M, Sun P, Gresack J & Risbrough V (2013). Impaired conditioned fear response and startle reactivity in epinephrine-deficient mice. Behav Pharmacol. 24(1):1-9.

Wilker S, Elbert T & Kolassa IT (2013). The downside of strong emotional memories: How human memory-related genes influence the risk for posttraumatic stress disorder - A selective review. Neurobiol Learn Mem. 2013 Sep 4. pii: S1074-7427(13)00174-3. PubMed ID: 24012801.

Weymar M, Bradley MM, El-Hinnawi N & Lang PJ (2013). Explicit and spontaneous retrieval of emotional scenes: electrophysiological correlates. Emotion. 13(5):981-8.

Zambrano Y (2012) Neuroepistemology, What the Neurons Knowledge Tries to Tell Us. Phy Psi K'a Publishing, Co.

Referencias Generales

BIBLIOGRAFÍA REFERENCIAL
LIBRO CATORCE
(Lecturas Recomendadas y **Esenciales**)

Adams MM, Morrison JH. (2003) Estrogen and the aging hippocampal synapse.**Cereb Cortex. 13:1271-5.**

Adolphs R (2010) What does the amygdala contribute to social cognition? Ann N Y Acad Sci. 1191:42-61.

Adolphs R, Tranel D & Damasio AR. (2003) Dissociable neural systems for recognizing emotions. Brain Cogn. 52:61-9.

Aggleton JP (2000) The amygdala: a functional analysis. 2nd Ed. New York : Oxford University.

Allen RJ, Vargha-Khadem F & Baddeley AD (2014). Itemlocation binding in working memory: Is it hippocampusdependent? Neuropsychologia. 2014 Apr 28.

Ammassari-Teule M, Pavone F & Mc Gaugh, (1991) Amygdala and dorsal Hippocamppus lesions block the effects of GABAergic drugs on memory storage. Brain Res. 551: 104-109.

Andreasen NC. (2002) Age and regional cerebral blood flow in schizophrenia: age effects in anterior cingulate, frontal, and parietal cortex. J Neuropsychiatry Clin Neurosci. 14:19-24

Armony JL & Le Doux JE (1997) How the brain processes emotional information. Ann. NY acad. Sci. 821:259-70

Aston-Jones G, Rajkowsky J, Kubiak R, Valentino RJ and Shipley MT (1996) Role of the locus coeruleus in the emotional activation. Prog. Brain Res.107:379-402.

Augustine JR (1996) circuitry and functional aspects of the insular lobe including humans. Brain Res. Rews. 22, 229-244

Baars BJ, Franklin S & Ramsoy TZ (2013). Global workspace dynamics: cortical "binding and propagation" enables conscious contents. Front Psychol. 2013 May 28;4:200.

Baddeley A (2012). Working memory: theories, models and

controversies. Annu Rev Psychol. 63:1-29.

Baddeley A, Vargha-Khadem F, Mishkin M. (2001) Preserved recognition in a case of developmental amnesia: implications for the acquisition of semantic memory? **J Cogn. Neurosci. 13:357-69.**

Baetge EE, Suh YH & Joh TH. (1986) Complete nucleotid and deduced aminoacid sequence of bovine phenyl-etanolamine-N-Methyltransferase: partial aminoacid homology with rat tyrosine hydroxilase. Proc. Natl. Acad. Sci. USA. 83:5454-5458.

Bard P (1928) A diencephalic mechanism for the expresion of rage with special reference to the sympathetic nervous system. **Am. J. Physiol. 84:490-515.** Cit. en: LeDoux JE, Handbook of Physiology . 1987. In: Section I. The Nervous System Vol 1. Blum F, Geiger SR & Mountcastle VB (eds). Bethesda MD. American Physiological Society Cap 10.

Bartels A & Zeki S. (2004) The neural correlates of maternal and romantic love. **Neuroimage. 21:1155-66.**

Bartels A & Zeki S (2000) The neural Basis of romantic Love. Neuroreport 17:3829-34.

Bechara A, Damasio H & Damasio A. (2000) Emotion, Decision Making and the Orbitofrontal Cortex. Cerebral Cortex 10:295-307

Bechara A, Damasio H & Damasio A. (2003) Role of the amygdala in decision-making. Ann N Y Acad Sci. 985:356-69.

Bernardi F, Pluchino N, Stomati M, Pieri M, Genazzani AR. (2003) CNS: sex steroids and SERMs. Ann N Y Acad Sci. 997:378-88.

Berridge CW & Waterhouse BD (2003) The locus coeruleus-noradrenergic system: Modulation of behavioral state and state-dependent cognitive processes. Brain Res. Rev. 42:33-84

Bimonte-Nelson HA, Singleton RS, Nelson ME, Eckman CB, Barber J, Scott TY, Granholm AC. (2003) Testosterone, but not nonaromatizable dihydro testosterone, improves working memory and alters nerve growth factor levels in aged male rats. Exp Neurol. 181:301-12.

Bliss TVP & Lømo T, (1973) Long lasting potentiantion of synaptic transmission in the dentate area of the anaesthetized rabit follwing stimulation of the perforant path. *J. Physiol. (Lond) 232:331-356*

Brioni JD, Nagahara HA & Mc Gaugh JL (1989) Involvement of the amygdala GABAérgic system in the modulation of memory storage. Brain Res. 487:105-112

Buchel CJ, Morris J, Dolan RJ & Friston KJ (1999) Brain systems mediating aversive conditioning: an event related of fMRI study. Neuron 20:947-57.

Bush G, Luu P, & Posner MI. (2000) Cognitive and emotional influences in anterior cingulate cortex. Trends Cogn. Sci. 4:215-222.

Byrne JH, & Kandel ER (1995) Presynaptic facilitation revisited: state and time dependence. *J. Neurosci.* 16:425-35

Cahill L, Haier RJ, Fallon J, Mc Gaugh JL (1996) Amygdala activity at encoding correlated with long-term, free recall of emotional information. PNAS USA 93:8016-21

Cahill L & Mc Gaugh JL (1998) Mechanisms of emotion arousal and lasting declarative memory. Trends Neurosci. 21:294-299.

Cahill L (2003) Sex related influences on neurobiology of emotionally influenced memory. Ann. NY Acad. Sci. 985:163-73.

Cannon WB (1931) Again the James-Lange and the thalamic theories of emotion. Psychol. Rev. 38:281-95.

Cappa SF, Guariglia C, Papagno C, Pizzamiglio L, Vallar G, Zoccolotti P, Ambrosi B, Santiemma V. (1988) Patterns of lateralization and performance levels for verbal and spatial tasks in congenital androgen deficiency. Behav Brain Res. 31:177-83.

Carew TJ & Sahley CJ (1986) Invertebrate Learning anf memory . Annu. Rev. of Neurosci. 9:435-87

Carrillo-Martínez GE, Gómora-Arrati P, González-Arenas A, Roldán-Roldán G, González-Flores O, Camacho-Arroyo I (2011). Effects of RU486 in the expression of progesterone receptor isoforms in the hypothalamus and the preoptic area of the rat during postpartum estrus. Neurosci Lett. 504 (2): 127-130

Carter CS, Altemus M & Chorusos GP (2001) Neuroendocrine and emotional changes in the postpartum period. Prog. Brain. Res. 133: 241-247.

Carter CS, Grippo AJ, Pournajafi-Nazarloo H, Ruscio MG & Porges SW (2008) Oxytocin, vasopressin and sociality. Prog. Brain Res. 170: 331–336.

Carter RM, Hofstotter C, Tsuchiya N & Koch C (2003). Working memory and fear conditioning. Proc Natl Acad Sci U S A. 100(3):1399-404.

Casey KL. (1999) Forebrain mechanisms of nociception and pain: analysis through imaging. Proc Natl Acad Sci U S A. 96:7668-74.

Cohen N.J & Squire LR, (1980) Preserved Learning ans retention of pattern analyzing the skull in amnesia: Dissociation of knowing how and knowing that. *Science* **210:207-209**

Cohen NJ, Eichenbaum H. (1991)The theory that wouldn't die: a critical look at the spatial mapping theory of hippocampal function. *Hippocampus. 1(3):265-8.*

Connet RJ & Kirschner N (1970) Purification and properties of bovine phenyl-etanolamine-N- Methyl transferase. J. Biol. Chem. 245:329-334.

Craig AD (2003) A new view of pain as a homeostatic emotion. Trends Neurosci. 26:303-307

Chapman PF, Kairiss EW, Keenan CL & Brown TH (1990) Long Term Synaptic Potentiantion in the amygdala. **Synapse 6:271-278.**

Chorusos GP, Thorpy D & Gold PW (1998) Interactions between the HPA axis and the female reproductive system: clinical implications. **Ann. Intern. Med. 129:229-240.**

Damasio AR (1996) The somatic marker hypothesis and the possible functions of the prefrontal cortex. Philos. Trans. Roy. Soc. London, B. 351:1413-20

Davis M (1992) The role of the amygdala in conditioned fear. IN: The amygdala: Neurobiological Aspects of emotion, Memory and mental dysfunction. J.P. Aggleton, Ed. New York: Wiley.

D'esposito M, Detre JA, Alsop DC & Grossman M. (1995) The neural basis of central execution system of working memory. *Nature:378:279-81.*

Devinsky O, Morrel Mj & Vogt BA (1995) Contributions of ACC to behavior. Brain 148:279-306.

Dewar MT, Cowan N & Sala SD (2007). Forgetting due to retroactive interference: a fusion of Müller and Pilzecker's (1900) early insights into everyday forgetting and recent research on anterograde amnesia. Cortex. 43(5):616-34.

Didsbury J, Weber RF, Bokoch GM, Evans T & Snyderman R. (1989). Rac, a novel ras-related family of proteins that are botulinum toxin substrates. *J Biol Chem* **264 (28): 16378–82.**

Dolan RJ, Fink GR, Rolls E, Both M, Holmes RS, Fracowiack RSJ & Friston KJ (1997) How the brain learns to see objects and faces in an impoverished context *Nature* **589:596-99**

Eichenbaum H, Wiener SI, Shapiro ML, Cohen NJ. (1989) The organization of spatial coding in the hippocampus: a study of neural ensemble activity. J Neurosci. 9(8):2764-75.

Einchenbaum H. (1997) Declarative memory: Insights from cognitive neurobiology. Annu. Rew. Psychol. 48:547-72

Eichenbaum H (2000). A cortical hypocampal system for declarative memory. Nature Revs. 1:41-50

Engelmann M, Wotjack CT, Neumann I, Ludwig M & Landgraff R (1996) Behavioral consecuences of intracerebral vasopressin and oxitocin: focus on learning and memory. Neurosci. Behav. Rev. 20:341-358.

Fan J, Flombaum JI, McCandliss BD, Thomas KM, Posner MI. (2003) Cognitive and brain consequences of conflict. Neuroimage. 18:42-57.

Ferguson JN, Aldag JM, Insel TR & Young LJ. (2001) Oxytocin in the medial amygdala is essential for social recognition in the mouse. J. Neurosci. 21(20):8278-85

Fiordelisio T & Hernandez-Cruz A. (2002) Oestrogen regulates neurofilament expression in a subset of anterior pituitary cells of the adult female rat. J Neuroendocrinol. 14:411-24.

Freeman SM, Walum H, Inoue K, Smith AL, Goodman MM, Bales KL & Young LJ (2014). Neuroanatomical distribution of oxytocin and vasopressin 1a receptors in the socially monogamous coppery titi monkey (Callicebus cupreus). Neuroscience. 2014 May 9. PubMed ID: 24814726.

Frith CD, Friston K, Liddle PF & Francowiak RSJ (1991) Willed action and the PFC in man. Study With PET. Proc. Roy. Soc. of London, B. 241-246.

Funahashi S (2011) Representation and brain, Springer Japan.

Funahashi S, Bruce CJ, & Goldman Rakic PS (1989) Mnemonic coding of visual space in the monkey's dorsolateral PFC. J. Neurophysiol. 61:331-349

Gallagher M & Holland P, (1994) The amygdala complex: Multiple roles in associative learning and attention. PNAS USA 91:11771-76

Goldman-Rakic PS (1995) Celular Basis of Working Memory Neuron 3:477-85.

Goosens KA, Hobin JA, Maren S. (2003) Auditory-evoked spike firing in the lateral amygdala and Pavlovian fear conditioning: mnemonic code or fear bias? Neuron 40(5):1013-22.

Gundel H, O'Connor MF, Littrell L, Fort C, Lane RD (2003) Functional neuroanatomy of grief: an FMRI study. Am J Psychiatry. 160:1946-53.

Hawkes R (2014). Purkinje cell stripes and long-term depression at the parallel fiber-Purkinje cell synapse. Front Syst Neurosci. 2014 Mar 28;8:41. PubMed ID: 24734006

Hess WR. (1949) Nobel Lecture: The Central Control of the Activity of Internal Organs. Tomado de: *Nobel Lectures, Physiology or Medicine 1942-1962*, Elsevier Publishing Company, Amsterdam.

Heuser I. (1998) The hypothalamic-pituitary adrenal system in depression. Pharmacopsychiatry 31:10-13

Hirono N, Mori E, Imamura T, Kitagaki H, Sasaki M (2001) Neuronal substrates for semantic memory: A PET study in Alzheimer Disease. Dement. Geriatr. Cogn. Disorder 12:15-21

Iidaka T, Terashima S, Yamashita K, Okada T, Sadato N & Yonekura Y. (2003) Dissociable neural responses in the hippocampus to the retrieval of facial identity and emotion: an event-related fMRI study. Hippocampus 13:429-36.

Ikegaya Y, Saito H, Abe K & Nakanishi K (1997) Amygdala β-Noradrenergic influence on hippocampal LTP in vivo. Neuroreport 8:3143-46

Israel S, Lerer E, Shalev I, Uzefovsky F, Reibold M, Bachner Melman R, Granot R, Bornstein G, Knafo A, Yirmiya N & Ebstein RP (2008) Molecular genetic studies of the arginine vasopressin 1a receptor (AVPR1a) and the oxytocin receptor (OXTR) in human behaviour: from autism to altruism with some notes in between. Prog. Brain Res. 170: 435- 449.

Izquierdo I & Diaz RD (1985) Influence post training or pretest injections of ACTH and epinephrine or endorphine and their interactive naloxone.Psychoneuroendocrinology 10:165-172.

Janowsky JS, Chavez B, Orwoll E. (2000) Sex steroids modify working memory. J Cogn Neurosci. 12:407-14.

Jeong KH, Jacobson L, Pacak K, Widmaier EP, Goldstein DS & Majzoub JA. (2000) Impaired basal and restraint-induced epinephrine secretion in corticotropin-releasing hormone-deficient mice. Endocrinology 141:1142-50.

Kandel ER, Dudai Y & Mayford MR (2014). The Molecular and Systems Biology of Memory. Cell. 157(1):163-186.

Kuhl BA, Shah AT, DuBrow S & Wagner AD (2010). Resistance to forgetting associated with hippocampus-mediated reactivation during new learning. Nat Neurosci. 13(4):501-6.

Karmiloff-Smith A. (1994) Precis of beyond modulatory: A developmental perspective on cognitive science. Behavioral and Brain Sciences, 17:693-745 . Cit in: Lane RD, et al, 1998.

Knowlton BJ, Mangels JA, & Squire LR (1996) A neostriatal habit learning system in humans. *Science* 273:1399-1402

Krugers HJ & Hoogenraad CC (2009). Hormonal regulation of AMPA receptor trafficking and memory formation. Front Synaptic Neurosci. Oct 13;1:2.

LaBar KS, Gatenby JC, Gore JC, Le doux JE & Phelps EA(1998) Human amygdala activation during conditioned fear acquisition and extintion: a mixed trial fMRI study. Neuron 20:937-45

Lane RD, Reiman EM, Ahern GL, Schwartz GE, Davidson RJ. (1997) Neuroanatomical correlates of happiness, sadness, and disgust. Am J Psychiatry. 154:926-33.

Lane RD, Reiman EM, Axelrod B, Holmes A & Schwartz GE. (1998) Neural correlates of levels of emotional awareness: Evidence of an interaction between emotion and attention in the anterior cingulate cortex. *J. Cogn. Neurosci.* 10:525-35

LeDoux J. (2003) The emotional brain, fear, and the amygdala. *Cell Mol Neurobiol. 23:727-38.*

Le Doux J. (1995) Emotion: Clues from the Brain. Annu. Rev. Psychol. 46:209-35

Leube DT, Erb M, Grodd W, Bartels M, Kircher TT(2003) Successful episodic memory retrieval of newly learned faces activates a left fronto-parietal network. Brain Res Cogn Brain Res. 18:97-101.

Lupien SJ & Mc Ewen BS (1997): The accute Effects of corticosteroids on cognition: Integration of animal and human model Studies. Brain Res. Rev. 24:1-27

Luu P & Posner MI. (2003) Anterior cingulate cortex regulation of sympathetic activity. *Brain. 126:2119-20.*

Maddock RJ, Garrett AS, Buonocore MH. (2001) Remembering familiar people: the posterior cingulate cortex and autobiographical memory retrieval. Neuroscience. 104:667-76.

Maki PM & Resninck S (2000) Longitudinal effects of estrogen replacement therapy on PET cerebral blood flow on cognition. Neurobiol. Of aging 22:373-83.

Manor I, Corbex M, Eisenberg J, Gritsenkso I, Bachner-Melman R, Tyano S, Ebstein RP. (2004) Association of the dopamine D5 receptor with (ADHD) and scores on a continuous performance test (TOVA).Am J Med Genet.127B:73-7.

Marvel CL & Desmond JE (2012) From storage to manipulation: How the neural correlates of verbal working memory reflect varying demands on inner speech. Brain Lang. 120(1):42-51.

McGaugh JL, Cahill L, Roozendaal B. (1996) Involvement of the amygdala in memory storage: interaction with other brain systems. Proc Natl Acad Sci U S A. 1996 Nov 26;93(24):13508-14.

Mc Gaugh JL (1989) Involvement of hormonal and neuromodulatory systems in the regulation of memory storage. Annu. Rev. Neurosci. 12:255-287.

Mc Gaugh JL (1966) Time-dependent processes in memory storage. Science 153:1351-58.

McIntyre CK, Power AE, Roozendaal B, McGaugh JL. (2003) Role of the basolateral amygdala in memory consolidation.Ann N Y Acad Sci. 985:273-93.

Mc Kernan MG & Shinnick-Gallagher P. (1997) Fear conditioning induces lasting potentiantion of synaptic currents *In vitro. Nature 390:607-611.*

Menzell R & Erber J, (1978) Learning and Memory in Bees *Sci. Am 239: 102-110*

Milner B, Squire L, and Kandel E. (1998) Cognitive neuroscience and the study of memory Neuron 20:445-468.

Miranda MI, LaLumiere RT, Buen TV, Bermudez-Rattoni F, McGaugh JL. (2003) Blockade of noradrenergic receptors in the basolateral amygdala impairs taste memory. **Eur J Neurosci. 18(9):2605-10**

Mishkin M, & Murray EA. (1994) Stimulus recognition. Curr Opin Neurobiol. 4:200-6.

Miyashita T & Williams CL. (2003) Enhancement of noradrenergic neurotransmission in the nucleus of the solitary tract modulates memory storage processes. Brain Res. 987:164-75.

Monks DA, Lonstein JS & Breedlove SM (2003) Got Milk? Oxytocin triggers hippoocampal plasticity. Nature Neurosci. 4:327-8

Morilak DA, Garlow SJ & Ciaranello RD. (1993) Immunocytochemical localization and description of neurons expressing serotonin2 receptors in the rat brain. Neuroscience. 54:701-17

Neuman I & Landgraf R (1989) Septal and hippocampal release of oxitocin but not vasopresin in the conscious lactating rat during suckling. J. Neuroendocrinol. 1:305-308

O'Donnell P, Grace AA. (1995) Synaptic interactions among excitatory afferents to nucleus accumbens neurons: hippocampal gating of prefrontal cortical input.J Neurosci. 15:3622-39.

O'Keefe J and Dostrovsky J. (1971) The hippocampus as spatial map. Preliminary evidence from the unit activity in the freely moving rats. *Brain Res. 34:171-75*

Packard MG & Cahill L. (2001) Affective modulation of multiple memory systems.. Curr Opin Neurobiol. 11:752-6.

Packard MG (1998) Posttraining estrogen and memory modulation. Horm Behav.34:126-39.

Papez JW (1937) A proposed mechanism of emotion. **Arch. of Neurol. and Psychiatry 38:725-744.** Cit. en: Ono Taketoshi & Hishijo Hisao. Neurophysiological Basis of Emotion in Primates: Neuronal Responses in the Monkey Amygdala and Anterior Cingulate Cortex. Cap 76. IN: Gazzaniga Michael S. (2000) *The New Cognitive Neurosciences. Massachussets Institute of Technology.*

Pardo JV, Pardo PJ, Janer K.W & Raichle ME (1990) The ACC mediates processing selection in the stroop attentional conflict paradigm. Proc. Natl. Acad. Sci. USA. 87:256-259.

Pavlides & Mc Ewen BS (1999) Effects of mineralocorticoid and glucocorticoid receptors on long-term potentiation in the CA3 hippocampal field. Brain Res. 851:204-14.

Petersen SE, Fox PT, Posner MI, Mintum M & Raichle ME (1988) PET studies of the cortical anatomy of single word processing. *Nature 331:585-589*

Pitkänen A, Savander V & Le Doux JL (1997) Organization of intra-amygdaloid circuitries: An emerging Framework for understanding functions of the amygdala. TINS 20: 517-23

Poremba A, Malloy M, Saunders RC, Carson RE, Herscovitch P, Mishkin M. (2004) Species-specific calls evoke asymmetric activity in the monkey's temporal poles. Nature. 427:448-51.

Posmantur R, Hayes RL, Dixon CE, Taft WC. (1994) Neurofilament 68 and 200 protein levels decrease after traumatic brain injury. J. Neurotrauma. 11:533-45.

Quirarte GL, Rooozendaal B, Mc Gaugh JL (1997) Glucocorticoid enhancement of memory storage involves noradrenergic activation in the basolateral amygdala. *PNAS USA 94:14048-53.*

Quirarte GL, Galvez R, Roozendaal B & Mc Gaugh JL (1998) Norepinephrine release in the amygdala in response to foodshock and opiate peptidergic drugs. Brain Res. 808:134-40

Rainville P, Duncan GH, Price DD, Carrier B, Bushnell MC (1997) Pain affect encoded in human anterior cingulate but not somatosensory cortex. Science 227:968-71.

Reiman EM, Lane RD, Ahern GL, Schwartz GE, Friston K, & Chen K (1997) Neuroanatomical correlates of externally and internally generated human emotion. *Am. J. Psychiatry 46:493-500.*

Ricardo J & Koh E (1978) Anatomical evidence of direct projections from the nucleus of the solitary tract to the hypothalamus, amydala, and other forebrain structures in the rat. Brain Res. 153:1-26.

Robbins TW, Everitt BJ (2002) Limbic-striatal memory systems and drug addiction. Neurobiol Learn Mem. 78:625-36.

Rogan MT, Staubli UV & Le Doux JE , (1997) Conditioning induces associative long term potentiation in the amygdala. Nature 390: 604-607

Romansky LM & Ledoux JE (1992) Equipotentiality in thalamo-amygdala and thalamo-cortico-amygdala projections as auditory conditioned stimulus pathways. J. Neurosci. 12:4501-4509

Roozendaal B, McReynolds JR, McGaugh JL. (2004) The basolateral amygdala interacts with the medial prefrontal cortex in regulating glucocorticoid effects on working memory impairment. J Neurosci. 24:1385-92

Schoenbaum G, Setlow B. (2003) Lesions of nucleus accumbens disrupt learning about aversive outcomes. J Neurosci. 23:9833-41.

Shang XL, Zhao JH, Cao YP & Xue YX (2010). Effects of synaptic plasticity regulated by 17 beta-estradiol on learning and memory in rats with Alzheimer's disease. Neurosci Bull. 26(2):133-9.

Shekhar A, Sajdyk TS, Keim SR, Yoder KK, Sanders SK.(1999) Role of the basolateral amygdala in panic disorder.Ann N Y Acad Sci. 877:747-50.

Shinotoh H, Fukushi K, Nagatsuka S, Tanaka N, Aotsuka A, Ota T, Namba H, Tanada S, Irie T. (2003) The amygdala and Alzheimer's disease: positron emission tomographic study of the cholinergic system. Ann N Y Acad Sci. 985:411-9.

Shuai Y, Lu B, Hu Y, Wang L, Sun K & Zhong Y (2010). Forgetting is regulated through Rac activity in Drosophila. Cell. 140(4):579-89.

Simpson JR, Snyder AZ, Gusnard DA & Raichle ME. (2001) Emotion induced changes in human medial PFC: During cognitive task performance. Proc. Natl. Acad. Sci. USA. 9:683-687

Spencer WA, Thompson RF & Neilson DR (1966) Response decrement of the flexion reflex in the acute spinal cat and transient restoration by strong stimuli. J. Neurophysiol 29:221-239

Squire L, Berg D, Bloom FE, Du Lac S, Ghosh A & Spitzer NC, (2012) Fundamental Neuroscience. Academic Press. Fourth Ed.

Thoman EB, Conner RL, Levine S (1970) Lactation supresse adrenal corticosterone activity and agressiveness in rats. J. Comp. Physiol. Psycho. 70:364-69

Thorand-Allerand CD (1978) Gonadal Hormones and brain development. Cellular aspects of sexual differentiation. Amer. Zool. 18:553-65.

Tovar-Díaz J, González-Sánchez H & Roldán-Roldán G (2011). Association of stimuli at long intervals in conditioned odor aversion. Physiol Behav. 103(2):144−7.

Tse D, Langston RF, Kakeyama M, Bethus I, Spooner PA, Wood ER, Witter MP & Morris RG (2007). Schemas and memory consolidation. Science. 316 (5821): 76-82

Tsvetkov E, Shin RM, & Bolshakov VY. (2004) Glutamate uptake determines pathway specificity of long-term potentiation in the neural circuitry of fear conditioning. Neuron 41:139-51.

Ullman MT, Corkin S, Coppola M, Hickock G & Pinker S (1997) A neural dissociation within languaje: Evidence that the mental dictionary is part of declarative memory, and that gramatical rules are processed by the procedural system. J. Cogn. Neurosci. 9: 266-76.

Vazdarjanova A & Mc Gaugh JL (1998) Basolateral amygdala is not a critical locus for memory of contextual fear conditioning. *PNAS USA 95:15003-07*

Vogt BA & Gabriel M (1993) Neurobiology of cingulate cortex and limbic thalamus : a comprehensive handbook / Brent A. Vogt, Michael Gabriel, editors Boston-Birkhauser.

Weil-Malherbe H, Axelrod J & Tomchik R, (1959) Blood Brain Barrier for Adrenaline. Science 129:1226-1228.

Whalen PJ, Rausch NL, Etcoff NL, McInnerney M & Jenike MA (1998) Masked presentation of emotional facial expression modulate amygdala activity without explicit knowledge. *J. neurosci. 18:411-418*

Wilkinson AH (2000) Bilateral anterior cingulotomy for chronic noncancer pain. Neurosurgery. 46:1535-6.

Wixted JT (2004). The psychology and neuroscience of forgetting. Annu Rev Psychol. 55:235-69.

Wong DL, Siddall BJ, Ebert SN, Bell RA, Her S. (1998) Phenylethanolamine N-methyltransferase gene expression: synergistic activation by Egr-1, AP-2 and the glucocorticoid receptor. Brain Res Mol Brain Res. 61:154-61.

Yayou K, Kitagawa S, Ito S, Kasuya E & Sutoh M (2011). Effect of oxytocin, prolactin-releasing peptide, or corticotropin-releasing hormone on feeding behavior in steers. Gen Comp Endocrinol. 174(3):287-91

Yin JCP, Del Vecchio M, Zhou H & Tully T (1995) CREB as a memory modulator: Induced expression of a dCREB2 activator isoform enhance long term memory in Drosophyla. Cell 81:107-115.

Zambrano Y (2014 a) La Compleja maquinaria funcionando. El maravilloso Sistema Nervioso Central (Telaraña Editores, ADN Neural)

Zambrano Y (2014 b) El Procesamiento de la Información Intelectual. NBI Editores.

Zambrano Y (2014 c) Las Moléculas de la Memoria. Cómo se archivan nuestros recuerdos. NBI Editores.

Zambrano Y (2014, d) "Ahora, Qué Recuerdo". Los Circuitos de Memoria y las Cortezas de Asociación. NBI Editores.

Zola-Morgan S & Squire LR (1991) The medial temporal lobe memory system. Science 253 :1380-86.

www.ingramcontent.com/pod-product-compliance
Lightning Source LLC
Chambersburg PA
CBHW072222170526
45158CB00002BA/705